航空类专业职业教育系列教材

飞机钣金工理论与实训

（第 2 版）

主　编　汉锦丽
副主编　任丽荣

西北工业大学出版社

西安

【内容简介】 本书共分 13 个项目课题,介绍了飞机制造钣金工的基础知识和操作规程,主要包括手工剪切、手工弯曲、收边、放边、拔缘、拱曲、卷边、咬缝、校正、雅高机成形、综合件 1 练习、综合件(钣铆复合件)2 成形以及综合件(钣铆复合件)3 成形等与教学相关的专业知识与技能操作步骤、要点等内容。

本书可作为航空职业院校教材,也可供从事飞机制造的工人、技术人员,以及大中专和技工院校的飞机制造专业师生参考。

图书在版编目(CIP)数据

飞机钣金工理论与实训 / 汉锦丽主编. — 2 版. —
西安:西北工业大学出版社,2022.3
ISBN 978 - 7 - 5612 - 8109 - 3

Ⅰ. ①飞… Ⅱ. ①汉… Ⅲ. ①飞机-钣金工 Ⅳ.
①V261.2

中国版本图书馆 CIP 数据核字(2022)第 035491 号

FEIJI BANJINGONG LILUN YU SHIXUN
飞 机 钣 金 工 理 论 与 实 训
汉锦丽 主编

责任编辑:李阿盟 刘 敏		策划编辑:杨 军	
责任校对:朱晓娟		装帧设计:董晓伟	

出版发行:西北工业大学出版社

通信地址:西安市友谊西路 127 号　　　　邮编:710072

电　　话:(029)88491757,88493844

网　　址:www.nwpup.com

印 刷 者:陕西宝石兰印务有限责任公司

开　　本:787 mm×1 092 mm　　　　1/16

印　　张:9

字　　数:236 千字

版　　次:2014 年 11 月第 1 版　　2022 年 3 月第 2 版　　2022 年 3 月第 1 次印刷

书　　号:ISBN 978 - 7 - 5612 - 8109 - 3

定　　价:36.00 元

第 2 版前言

《飞机钣金工理论与实训》(第 1 版)自 2014 年出版以来,国内多所职业院校和航空航天厂所将其作为课程教材或员工培训教材使用,产生了良好的社会效益。

为适应职业院校人才培养和素质教育的需要,结合兄弟单位航空企业专家和院校教师使用本书后的意见和建议,本着与时俱进的原则,紧跟国际、国内飞机制造业的发展变化,笔者组织了在职业教育战线多年从事教学、研究工作的教师和航空企业技术技能专家对《飞机钣金工理论与实训》一书进行了修订。本次修订力求从飞机制造业应用型技能人才的职业需要出发,着重体现对学生运用知识分析和解决问题的基本能力的培养,进一步突出课程的科学性、实用性和前瞻性。

本次修订考虑了以下几个方面:

(1)保持原版教材"质量高、有特色、能满足职业院校教学需要"等特点,教材内部材料供应状态标识和生产企业一致。

(2)以学生完成具体任务为主线,设计工艺知识及技能操作技巧等教学内容,实现理论知识学习与技能操作训练同步进行,促使学生(学员)能够在真实的操作环境中进行知识的学习和拓展。

(3)融入世界技能大赛成果,依据世界技能大赛对职业技能人才的要求,增加了相关专业飞机钣金工技能拓展知识,以世界技能大赛评分标准设计综合件练习项目课题。

(4)本书配有相应的教学课件,需要教学课件请登录工大书苑(http://nwpup.iyuecloud.com//#/home)下载。

本书由汉锦丽任主编,任丽荣任副主编,全书由汉锦丽统稿,参加本次修订工作的还有西飞技师学院王琳和中航西安飞机工业集团股份有限公司企业专家孟庆海、王晋涛。另外,参加本次修订审稿工作的有西飞技师学院王海宇和中航西安飞机工业集团股份有限公司企业专家李世锋、孙长青。

本书修订后,仍可以作为职业院校课程教材和航空航天企业员工教材使用,也可作为飞机制造业工艺人员和操作员工自学参考资料。

由于学识和经验所限,书中仍然可能有不当之处,恳请广大读者特别是使用本书的教师和学生指正。

编 者

2021 年 10 月

第1版前言

为推进我国职业教育教学体系改革,培养合格的现代化建设技能型人才,积极推进理论和实训一体化教学改革,编写与这种教学模式相配套的教材是这项教学改革的首要任务之一。这种教学模式的主体思想是把理论知识教学和实际操作训练融为一体,教师在实训现场讲完理论知识和操作工艺规程后,立即指导学生进行实际操作训练,加深学生对理论知识的理解并使学生学会应用,避免过去理论教学和实际训练相互独立,甚至出现相互脱节的现象。笔者总结了多年教学经验和成果,编写了这本富有自身特色的理论与实训一体化教材。

本书共分 11 个项目课题,介绍了飞机制造钣金工的基础知识和操作规程,主要包括手工剪切、手工弯曲、收边、放边、拔缘、拱曲、卷边、咬缝、校正、雅高机成形以及综合件练习等与教学相关的专业知识与技能操作步骤、要点等内容。为了便于学生掌握每个项目课题所学专业知识与技能,加工出合格的零件,确保安全生产、文明生产,每个项目课题都设有明确的学习目标、任务引领、相关专业知识、任务实施(内含注意事项)、实施效果评价以及课后思考与练习。

在编写本书的过程中,始终以学生就业为导向,以企业用人标准为依据,根据职业院校教学特点和学生的认知规律,坚持够用、实用的原则,力求使理论知识内容简明、易懂,操作过程清晰、规范。

本书由汉锦丽任主编,任丽荣任副主编,参与编写的人员还有中航飞机西安飞机分公司钣金总厂高级技师李世峰。全书由汉锦丽统稿。参加审稿的人员有王海宇、种永刚、李善良、曹峰、孟庆海和贺磊。

在编写本书的过程中,参阅了部分国内外文献资料和高等院校的有关教材,在此谨对原作者深表感谢。

编写理论与实训一体化教材是笔者的初次尝试,经验不足,书中不妥和疏漏之处在所难免,恳请读者不吝赐教。

编 者

2014 年 7 月

目　　录

项目课题 1　手工剪切 ……………………………………………………………… 1

项目课题 2　手工弯曲 ……………………………………………………………… 12

项目课题 3　收边 …………………………………………………………………… 29

项目课题 4　放边 …………………………………………………………………… 41

项目课题 5　拔缘 …………………………………………………………………… 51

项目课题 6　拱曲 …………………………………………………………………… 62

项目课题 7　卷边 …………………………………………………………………… 71

项目课题 8　咬缝 …………………………………………………………………… 79

项目课题 9　校正 …………………………………………………………………… 87

项目课题 10　雅高机成形 ………………………………………………………… 100

项目课题 11　综合件 1 练习 ……………………………………………………… 109

项目课题 12　综合件(钣铆复合件)2 成形 ……………………………………… 115

项目课题 13　综合件(钣铆复合件)3 成形 ……………………………………… 125

参考文献 …………………………………………………………………………… 138

项目课题1 手工剪切

内容提示

项目课题1主要讲述手工剪切任务实施工艺分析、安全文明生产及材料、操作工量具、技术要求、相关专业知识,任务实施准备工作、操作步骤、安全操作技术及注意事项、实施效果评价等内容。

教学要求

(1)掌握按图划线的方法、步骤。

(2)了解样板的作用及特征。

(3)掌握手工剪切的操作方法及要点。

(4)遵守安全操作规程,符合文明生产要求。

(5)掌握手工剪切常见质量故障、原因分析及排除方法。

内容框架图

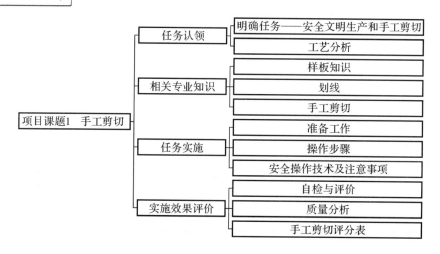

【任务引领】

一、明确任务——安全文明生产和手工剪切

1.安全文明生产。

(1)实习时必须穿好工作服,戴好工作帽(头发纳入帽子内),做到"三紧"(扣紧领口、扣紧袖口、扣紧下摆),如图1.1所示。

(2)工作现场必须穿平跟鞋,鞋面包裹全部脚面。

（3）操作时集中精力，不允许听音乐、吃东西、打闹等。

扣紧领口

扣紧袖口

扣紧下摆

图 1.1　正确穿着工作服

2. 在 δ1.0 mm×160 mm×160 mm 的铝合金材料上完成如图 1.2 所示的手工剪切零件。
3. 技术要求。
（1）剪切断面光滑、平直，边缘无明显毛刺。
（2）尺寸公差为±0.5 mm。
（3）零件平整，无明显扭曲。
（4）表面质量：表面不得有划痕、压伤、裂纹和锤痕等。

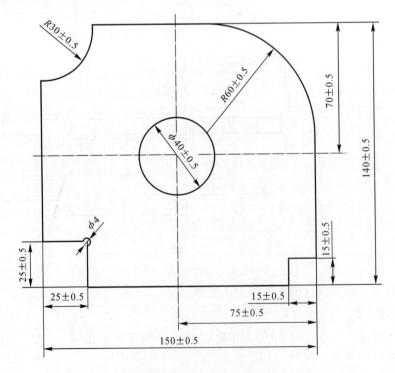

图 1.2　手工剪切零件

4.手工剪切操作工量具清单见表 1.1。

表 1.1　手工剪切操作工量具清单

手工剪切操作工量具清单			图号			材料规格		
			BJ1-1			$\delta 1.0$ mm×160 mm×160 mm		
			数量/件		1	材料牌号		2A12O
序号	名称	规格	数量/件	序号		名称	规格	数量/件
1	直口剪	10″	1	4		游标卡尺	0～150 mm	1
2	曲口剪	6″	1	5		划针	/	1
3	钢板尺	0～300 mm	1	6		划规	/	1

注:钣金常用工具。

二、工艺分析

1.按图划线时要量取尺寸,不能平移,中心线、成形线宜采用红、蓝铅笔划线,铅笔划线会对毛料造成腐蚀,而且不易擦拭。零件外形可采用划针划线。划线要求线条清晰、位置准确,不能有重叠线。

2.按样板划线时,划针锥面要沿着样板外缘向外倾斜 15°～18°滑动,要求针尖刺入材料,划线痕迹要清楚,深度以不严重损坏(不刺穿)铝合金表面包铝层为宜。

3.剪切时应对应材料厚度,调整好剪刃间隙,做到上剪刃压线连续剪切,这样才能保证剪切断面光滑,无断剪,边缘无毛刺,尺寸公差符合图纸工艺要求。

4.根据剪切形状和要求,正确使用剪刀,掌握正确的操作方法,减少剪切变形。

【相关专业知识】

一、样板知识

1.样板是按模线或数据制造,表示飞机零、组、部件真实形状的,刻有标记并钻有工艺孔的专用刚性量具,起着制造、检验、协调零件及工艺装备的作用,正确识别和使用样板是保证产品质量的前提。

2.飞机制造中所用样板的主要特点:

(1)样板可以看成 1:1 的不注尺寸的刚性图纸,因为通过样板正面上的符号标记和说明文字,可以从一块平的样板想象出立体零件,特别是框、肋类平行钣金件的形状。

(2)样板之间必须相互协调。这是因为,在这里样板起着制造、协调、检验零件及工艺装备的作用,要求样板之间有着相互协调的关系。

(3)由于飞机结构中形状不规则的钣金件品种繁多,并且为了制造一种零件常常需要使用不止一块而是一套样板,样板的数量也就很多,往往多达数万块。

3.样板的取制原则:样板正面按飞机从上向下(俯视)、从后向前(主视)、从左向右(侧视)的原则取制。

4.飞机钣金常用生产样板的基本特征和基本用途。

(1)外形样板:表示零件结构平面(一般为腹板面)的形状。

用途:①制造成套零件样板;②制造和检验零件及模具。

(2)内形样板:表示有弯边零件结构平面的形状。

用途:制造零件的成形模具。

(3)展开样板:表示零件的展开形状。

用途:①零件下料;②制造冲切模;③制造铣切样板。

(4)切面样板:表示零件所取位置的切面形状。

用途:①制造和检验模具;②检验零件。

(5)毛料样板:有余量的下料样板。

用途:用于零件下料。

(6)钻孔样板:用于平面零件的钻孔或制孔。

用途:钻(或冲)零件上的孔。

二、划线

1.在被加工材料上划出加工界限的线(含冲点)叫作划线。划线工具如图1.3所示。

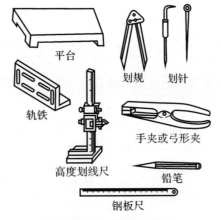

平台

划规　划针

轨铁

手夹或弓形夹

高度划线尺

铅笔

钢板尺

图1.3　划线工具

2.划线的方法。

(1)按图样划线的方法和步骤。

1)仔细研究零件图并拟订划线计划。

2)划线步骤如图1.4所示,最后检查划线。

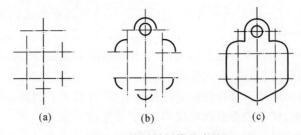

(a)　　　　　　(b)　　　　　　(c)

图1.4　按图样划线的步骤

(a)划中心线; (b)划圆弧和圆周线; (c)用直线将圆弧连接

3)注意:铝合金用红、蓝铅笔划线(镁合金用红铅笔划线),仅外形用划针;按图样划线要量取尺寸,不能平移。

(2)按样板划线的方法。

1)磨尖划针,其角度为 15°～20°,如图 1.5 所示。

2)将样板放在材料上,用弓形夹或手夹固定。

3)划线时,使划针锥面沿样板外缘滑动,用均匀的压力划出线来,如图 1.6 所示。

4)按样板钻孔时,应按样板孔位冲点。

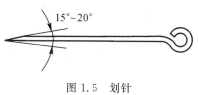

图 1.5　划针

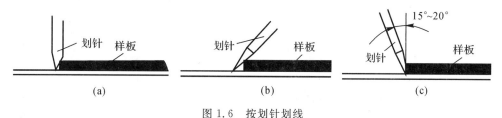

图 1.6　按划针划线

(a)划针未磨正确;　(b)划针位置不正确;　(c)正确

三、手工剪切

剪切是将原材料按需要切成所需形状的材料,是飞机钣金零件制造的第一道工序。

手工剪切是飞机钣金工技能的重要组成部分,主要是利用手动剪切工具进行剪切操作。手工剪切机动灵活,下料、开孔、修剪余量等操作都离不开手工剪切。因此,手工剪切是飞机钣金工人的一项基本功。

1.手工剪切工具。

(1)如图 1.7(a)所示,直口剪剪切刃为直线,用于剪切直线轮廓的板料零件,可剪切的铝板厚度为 1.5 mm 左右,钢板厚度为 1.0 mm 左右。

(2)如图 1.7(b)所示,曲口剪剪切刃为曲线,用于剪切曲线轮廓的板料零件,可剪切的铝板厚度为 2.0 mm 左右,钢板厚度为 0.8 mm 左右。

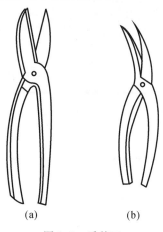

图 1.7　手剪刀

(a)直口剪;　(b)曲口剪

（3）台剪。图1.8（a）所示为小型台剪。由于手柄较长，所以利用杠杆的作用可产生比手剪刀大的剪切力，可剪切3～4 mm厚的钢板。图1.8（b）所示为杠杆式大型台剪，它利用两级杠杆的作用，可剪切厚度达10 mm的钢板，为防止板料在剪切时移动，装有能调节的压紧机构。图1.8（c）所示为封闭式台剪，扳动手柄时，能使剪刀板在机架中做上下运动，刀板上制有圆形、方形及T形等形状的刀刃，与固定在机架上的刀刃形状一致，剪切时只要将被剪切材料置于相应的刀孔中，并用止动螺钉或压板压紧，扳动手柄即可完成剪切。

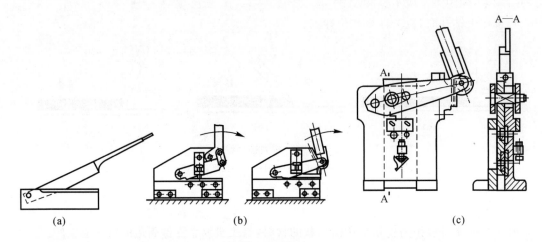

图1.8　台剪
(a)小型台剪；　(b)杠杆式大型台剪；　(c)封闭式台剪

（4）手提式气动剪。手提式气动剪属于半机械化的手剪工具，构造原理和风钻相同，仅在头部将转动通过偏心轴变成刀刃的高速往复运行，与固定下刀刃配合进行剪切，剪切厚度可达2.5 mm，如图1.9和图1.10所示。

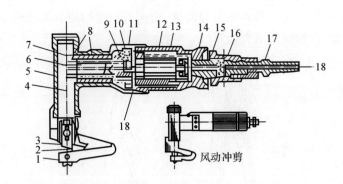

图1.9　手提式气动（振动）剪（风动冲剪）
1—刀架；　2—下刀片；　3—上刀片；　4—挺杆；　5—前体；　6—偏心轴；　7—滚针外套；
8—滚针；　9—齿轮架；　10—中间齿轮；　11—内齿轮；　12—转子；　13—滑片；　14—柄体；
15—阀套；　16—阀体；　17—风管接头；　18—压缩空气

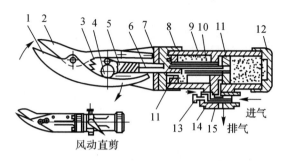

图 1.10　手提式气动剪（风动直剪）

1—活动刀片；　2—固定刀片；　3—弹簧；　4—滚轮；　5—支架；　6—活塞杆；　7—叉耳；　8—前盖；

9—气缸；　10—活塞杆套；　11—活塞；　12—后盖；　13—按钮；　14—活门套；　15—活门

2.手工剪切操作及要点。

(1)右手握剪把,如图 1.11 所示,剪把不能露出掌心过长,尾端不能握在手掌中。

(2)左手持料,上剪刃与剪切线对正。剪切时,剪刃张开剪刃全长的 3/4,剪切中,剪刃不完全合拢,应留 1/4 剪刃长,如图 1.12 所示。

图 1.11　正确握剪方法

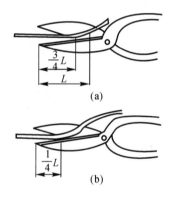

图 1.12　剪刃工作状态

(a)剪切开始；　(b)剪切终了

(3)当剪切刃闭合时,压线连续剪切,剪口要重合,两刃之间保持 0～0.2 mm 间隙(料薄取最小值,料厚取最大值),如图 1.13 所示。

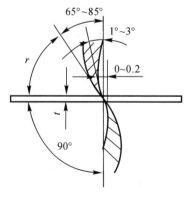

图 1.13　剪刃间隙

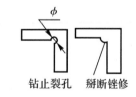

图 1.14　剪切凹角及角材

(4)剪切凹角应先钻止裂孔或在凹角处留一定距离不剪开,用手掰断连接处,再锉修到剪切尺寸,而对于角形件,先锯开角根再剪开,如图1.14所示。

(5)剪切圆料时,当余料狭小时,可按逆时针剪切,如图1.15(a)所示;当余料较宽时,应按顺时针剪切,如图1.15(b)所示。

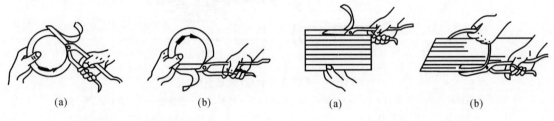

| (a) | (b) | (a) | (b) |

图1.15　剪切圆料　　　　　　　　　图1.16　剪切直料

(a)逆时针剪切;　(b)顺时针剪切　　　　　　(a)剪短料;　(b)剪长料

(6)剪切短直料时,被剪切部分放在右边,如图1.16(a)所示。当剪切余料较宽,剪切长度较长时,被剪部分放在左边,如图1.16(b)所示。

(7)剪切较厚条料时,应把剪刀下柄用台虎钳夹住,上柄套一根管子,如图1.17所示。

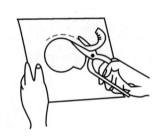

图1.17　手剪较厚条料　　　　　　　　　图1.18　剪内圆

(8)剪切内孔的方法:先在板料上开一个大孔,再用弯剪采用螺旋线剪切,逐渐扩大,如图1.18所示。

3.手工剪切常见质量故障、原因分析与排除方法见表1.2。

表1.2　手工剪切常见质量故障、原因分析与排除方法

序　号	故障内容	原因分析	排除方法
1	剪不断	(1)上、下刀刃间隙过大 (2)刀口钝 (3)料太厚	(1)调整间隙 (2)磨锐 (3)按规定范围剪切
2	尺寸超差	上剪刃与零件剪切线未对正	应按剪切线送进
3	剪切线间断不直	后一剪与前一剪未衔接好	压线连续剪切
4	剪裂	(1)凹角处未钻止裂孔或剪过线 (2)剪切时剪刃全部闭合咬伤零件	(1)钻止裂孔或留锉修余量 (2)剪刃不完全闭合,留1/4再剪切
5	毛刺	(1)剪切间隙不对 (2)剪刃变钝	(1)调整剪切间隙 (2)磨锐

【任务实施】

一、准备工作

1.材料准备。

材料规格:δ1.0 mm×160 mm×160 mm;材料牌号:2A12O;数量:1件。

2.工艺装备。

游标卡尺(0~150 mm)、钢板尺(0~300 mm)、直口剪(10″)、曲口剪(6″)、划规、划针、木榔头、橡皮拍板等钣金常用工量具。

3.设备。

钻床:Z512A。

二、操作步骤

1.检查。检查材料状态、规格、表面质量(要求:无划伤、压痕、裂纹等)。

2.划线。依据图纸确定零件中心线,过中心划圆(ϕ40 mm)→以中心线为基准,对称量取150 mm×140 mm 外形线,要求四边互相垂直→在边长 150 mm 和 140 mm 上分别量取60 mm作垂线,两线相交于一点,以这点为内切圆 R60 mm 的圆心,划内切圆弧 R60 mm→以边长 150 mm 和 140 mm 交点为圆心划圆 R30 mm→在边长 150 mm 和 140 mm 上分别量取直线25 mm×25 mm,15 mm×15 mm→按图纸检查划线尺寸,符合图纸要求。

3.手工剪切。

要求:所有剪切线段不允许用锉刀修整,保留剪切痕迹。

(1) 压线剪切外形轮廓线至 140 mm×150 mm 长度尺寸,四边互相垂直,满足公差要求。

(2) 钻止裂孔 ϕ4.0 mm,剪切 25 mm×25 mm 长度尺寸,符合图纸,满足公差要求。

(3) 剪切直线 15 mm×15 mm 至图纸尺寸(注意:剪切时在凹角处留一定距离不剪开,然后用手掰下连接处)。要求:凹角处不用锉刀修整,用于检测剪切技能。

(4) 开内孔 ϕ40 mm。方法是先用钻头在内孔中心钻制几个小孔,然后用曲口剪剪开小孔,再采用螺旋线剪切方式逐渐扩大,直至剪切到线。

4.校平。将零件平放在平台上,用橡皮拍板拍打,校修剪切变形,使零件无明显扭曲。

5.按图纸检查尺寸。

(1)观察剪切断面痕迹光滑、均匀程度,剪切平直程度,剪切边缘应无明显毛刺,剪切圆角区无明显变形。

(2)用游标卡尺、样板检测长度及圆弧尺寸,确定符合图纸公差。

(3)凹角处不能有过剪痕迹。

(4)将零件平放在平台上,用手轻压,无明显翘曲。

三、安全操作技术及注意事项

1.剪切操作时人站立姿势要稳定,在剪切过程中不允许出现身体摆动的现象。

2.剪切时,剪刀尾端不能完全握在手掌中,以免用力不当夹伤手掌。

3.拿剪刀的手臂要自然弯曲,手不能靠在身上,以免用力过大,使剪刀尾端错位,夹伤身体。

4.使用钻床时要严格遵守设备操作规程,不得违规操作。

5. 工作现场工量具按要求定制摆放,量具轻拿轻放,使用完后要擦净放入量具盒内。

6. 工作现场保持干净、整洁,剪切废料要随时清理。

7. 加强质量意识,树立不断提高产品质量的思想。

8. 操作者要有认真、仔细的学习态度。

【实施效果评价】

一、自检与评价

每位学生完成课题后,按照图纸和评分标准认真测量是否符合要求,对不合格的尺寸做出自检标记。

二、质量分析

学生针对自己在加工中出现的质量问题做出原因分析及纠正措施,指导教师对全部学生的课件进行检测,并做好检测记录,对于学生普遍存在的操作方法、检测方法、技术安全等问题,分析产生的错误原因,提出纠正措施,避免类似的问题重复发生。

三、手工剪切评分表

手工剪切评分表见表1.3。

表 1.3 手工剪切评分表 (单位:mm)

手工剪切技能操作评分表			图号		考号		总分		
			BJ1－1						
序号	考核要求	配分 T	评分标准			量具	检测结果	扣分	
			$\leq T$	$>T, \leq 2T$	$>2T$				
1	150 ± 0.5	10	10	0	0	卡尺			
2	140 ± 0.5	10	10	0	0	卡尺			
3	25 ± 0.5(2处)	5×2	5	0	0	卡尺			
4	15 ± 0.5(2处)	5×2	5	0	0	卡尺			
5	70 ± 0.5	10	10	0	0	卡尺			
6	75 ± 0.5	10	10	0	0	卡尺			
7	$\phi 40 \pm 0.5$	15	15	0	0	卡尺			
8	$R30 \pm 0.5$	10	10	0	0	样板			
9	$R60 \pm 0.5$	15	15	0	0	样板			
10	剪切断面质量不符合技术要求每处扣2分					目测			
11	技术安全与文明生产	违反有关规定扣总分5～10分				现场记录			
合计		100分							

检测: 年 月 日

【课后思考与练习】

1.什么叫划线?

2.简述手工剪切的操作过程及要点,完成如图 1.19 所示零件的手工剪切操作。

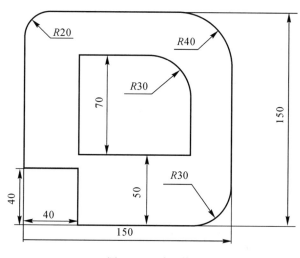

图 1.19　手工剪切

项目课题 2 手 工 弯 曲

内 容 提 示

项目课题 2 主要讲述手工弯曲任务实施工艺分析及材料、操作工量具、技术要求、相关专业知识;任务实施准备工作、操作步骤、安全操作技术及注意事项、实施效果评价等内容。

教 学 要 求

(1)掌握手工弯曲展开料的计算方法。
(2)掌握手工弯曲件的基本操作方法及要点。
(3)掌握控制手工弯曲件质量的方法。
(4)掌握手工弯曲件的测量方法。
(5)遵守手工弯曲操作过程中的技术要求和安全操作规定。

内 容 框 架 图

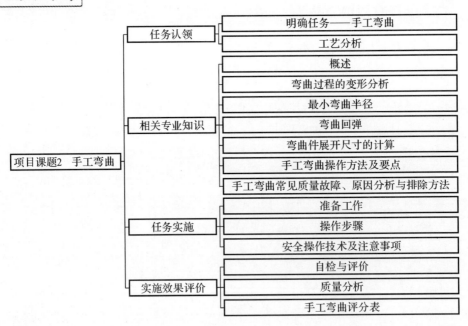

【任务引领】

一、明确任务——手工弯曲

1. 在 $\delta 1.0\,mm \times 100\,mm \times 40\,mm$ 的铝合金材料上完成如图 2.1 所示的手工弯曲零件(a

为变动尺寸)。

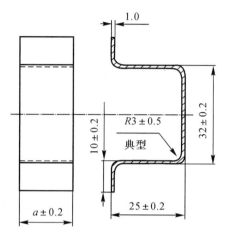

图 2.1　手工弯曲零件

2. 技术要求。

(1)尺寸公差为 ±0.2 mm。

(2)垂直度为 ±30′。

(3)表面质量:表面无划痕、压伤、裂纹、锤痕等。

3. 手工弯曲工量具清单见表 2.1。

表 2.1　手工弯曲工量具清单

手工弯曲操作工量具清单			图号		材料规格		
			BJ2-1		δ1.0 mm×100 mm×40 mm		
			数量/件	1	材料牌号		2A12O
序号	名称	规格	数量/件	序号	名称	规格	数量/件
1	直口剪	10″	1	6	划针	/	1
2	角度尺	320°	1	7	塞尺	/	1
3	钢板尺	0~300 mm	1	8	弓形夹	/	1
4	游标卡尺	0~150 mm	1	9	木榔头	φ40 mm	1
5	半径规	R1.0~6.0 mm	1	10	弯边模	/	1

注:钣金常用工具。

二、工艺分析

通过图纸分析,该零件为多角弯曲件,操作时要注意弯曲的顺序,一般是先里后外,这样比较容易保证弯曲件各部分尺寸。

1. 多角弯曲的操作要点。

(1)每次弯曲后对好角尺,保证弯边平直。

(2)每次弯边尺寸要准确,否则误差积累后无法返修。

(3)成形时,每次弯曲可先用长木打板或橡皮打板压倒毛料,再将木打板平放于弯边面上,用木榔头打至贴模,可使弯曲半径 R 处平直,弯边波纹少,如图 2.2 所示。

(4)夹在虎钳上的弯边模要夹紧并垫实,防止敲打时材料下滑移位影响弯边尺寸。

2.弯折裂纹的控制。板料经弯曲后,产生冷作硬化,容易产生断裂,因此成形时要注意:

(1)弯折线与材料纤维方向的夹角不小于 30°。

(2)弯折成形时不要反复弯折,并避免用木榔头反复敲打弯曲半径 R。

(3)成形前要消除位于弯曲部位板料边缘的毛刺。

(4)折弯处弯曲半径应大于材料的最小弯曲半径。

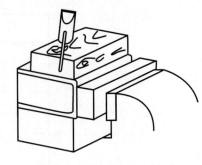

图 2.2　用木打板垫压弯边

3.弯曲回弹的预防和消除。

(1)如图 2.3(a)(b)所示,成形弯边初期,应先将弯边打成根部略有隆起,然后再用打板精修根部,这样回弹小、易贴膜,该要领对成形很重要。

(2)如图 2.4 所示,消除弯曲回弹时,先将零件弯边靠在规铁的平直面上,用木尖对准零件弯曲半径 R 处成 45°角,然后用木榔头轻轻敲打木尖,将弯曲半径 R 均匀"顶"一遍,即可修正弯边角度。

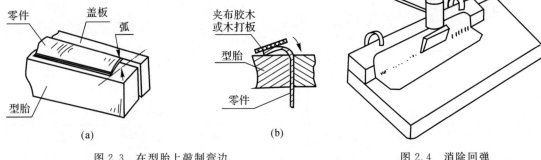

图 2.3　在型胎上敲制弯边	图 2.4　消除回弹

【相关专业知识】

一、概述

1.弯曲。

将板材、型材或管材等弯成一定角度和曲度,形成一定形状零件的方法称为弯曲。

2.弯曲的类型。

(1)手工弯曲:指用手工操作将板料沿直线或曲线弯曲成一定的角度或弧度的方法。

1)弯折:把原来是一个平面的板料弯成两个或两个以上平面的板料的操作称为弯折。

2)卷曲:把单平面的板料卷成一个单曲面(如圆筒等)的操作称为卷曲。

(2)机械弯曲:指将板料、条料、型材、管材等,用机械的方法在塑性变形的范围内沿直线弯成一定的角度或一定的弧度的方法。

3.典型弯曲件(见图 2.5)。

4.手工弯曲常用工具(见图2.6)。

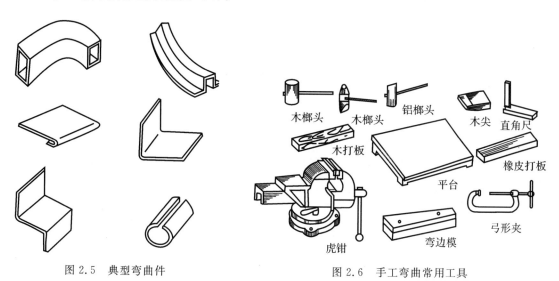

图 2.5　典型弯曲件

图 2.6　手工弯曲常用工具

二、弯曲过程的变形分析

1.分析条件。

(1)冷弯状态。钣金工作大多数是在室温下进行的,钢的再结晶温度约为450℃,铝的再结晶温度约为270℃,因此钣金工作大多数属于冷加工。

(2)假设板料弯曲后变形只发生在弯曲部位。

(3)为了便于观察变形情况,弯曲前在板料弯曲部分划出弯曲始线和弯曲终线(见图2.7)。

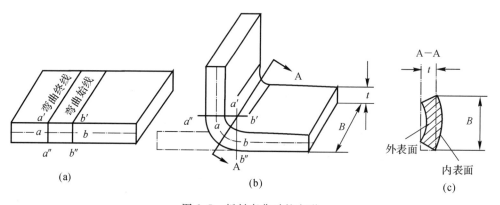

图 2.7　板料弯曲时的变形

(a)划出弯曲线的板料；　(b)经弯曲成形的零件；　(c)窄板弯曲后的宽度变化

2.分析。

(1)弯曲前:板料断面上三条线段的长度相等,即 $a'b' = ab = a''b''$。

(2)弯曲后:

1)长度变化:

a.材料内层受压,长度缩短。

b.材料外层受拉,长度伸长。

c.材料的中性层长度不变。

即 $a'b' < ab < a''b''$。

2)宽度变化：

a.当弯曲宽度 $B \leqslant 3t$（t 为材料厚度）时,弯曲区的外表面宽度变窄,而其内表面宽度变宽。

b.当弯曲宽度 $B > 3t$ 时,横向变形受到宽度方向大量材料的阻碍,宽度基本不变。

3.注意。

(1)在材料厚度之间有一层,其长度不变,这一层叫作中性层。金属板料塑性弯曲时,中性层的位置不是固定不变的,它随着弯曲件的弯曲半径大小(即曲率大小)等发生变化。在一般情况下,这种变化不大,通常中性层近似取在材料厚度的中间位置。在确定弯曲件展开料时,以中性层为基准进行计算。

(2)板料经过弯曲后,弯曲区的厚度一般要变薄,并产生冷作硬化。如果反复弯曲或弯曲半径太小时,很容易断裂。因此弯曲时对弯曲次数(以后各项目课题会讲)和弯曲半径要严加限制。

三、最小弯曲半径

最小弯曲半径是指弯曲零件的内弯曲半径 R 所允许的最小值。不同材料的最小弯曲半径的数值是不同的,使用时按材料牌号和状态查表可得。影响最小弯曲半径的主要因素有以下方面。

1.材料的力学性能及加工硬化程度。

当材料的抗拉强度低、塑性差而加工硬化严重时,最小弯曲半径值大;反之就小。

2.弯曲角度。

当材料相同时,弯曲角度越大,最小弯曲半径值就越大;反之就越小。

3.材料的纤维方向(见图 2.8)。

(1)顺纹弯曲时最小弯曲半径值大;

(2)垂纹弯曲时最小弯曲半径值小;

(3)与纤维方向成 $45°$ 方向弯曲时最小弯曲半径值介于前两者之间。

弯曲线与纤维方向一般应保持 $60°$,最小不能小于 $30°$,否则易产生裂纹。

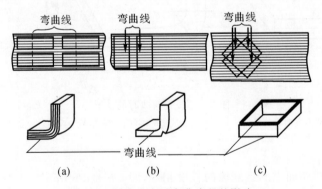

图 2.8　纤维方向对弯曲半径的影响

(a)弯曲线与纤维方向垂直;　(b)弯曲线与纤维方向平行;　(c)弯曲线与纤维方向成一定角度

4.板料的边缘状况(见图 2.9)。边缘有毛刺、加工硬化、表面划伤等缺陷,弯曲时易裂,因而需适当增大最小弯曲半径。

(1)位于弯曲部位的板料边缘要消除毛刺。

(2)弯边的交接处在允许的情况下,应钻出止裂孔。止裂孔的大小,一般为 $\phi \geqslant t + R$。止裂孔的中心在两弯曲中心线的交点上。

(3)弯曲线与开孔或开口的边距应大于弯曲半径与材料厚度之和。

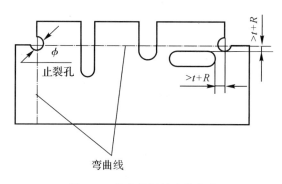

图 2.9　弯曲件板料边缘状况

5.板料的表面状态。如果弯曲材料表面有缺陷(如麻坑、锈蚀、划痕、毛刺、裂纹、硬化等),就会造成应力集中,允许的最小弯曲半径值就要增大。弯曲时应将板料有缺陷的表面作为弯曲内表面。

四、弯曲回弹

1.产生原因。由于材料在未卸载之前的总塑性变形中包含一部分弹性变形,即板料在塑性弯曲的同时还有弹性变形存在,从而使弯曲件产生角度和弯曲半径的回弹,影响弯曲件的准确度。从作用力与反作用力角度来说,被弯曲的板料外侧伸长,内侧受压缩短,卸载后,在反力作用下,外侧趋向缩短,内侧则趋向伸长,产生回弹。

2.弯曲回弹。弯曲回弹是板料在塑性变形区域内(弯曲)变形,卸载后又略呈复原的状态。

3.回弹角。回弹角是材料弯曲后回跳的角度,$\Delta \alpha = \alpha_1 - \alpha_2$,如图 2.10 所示。

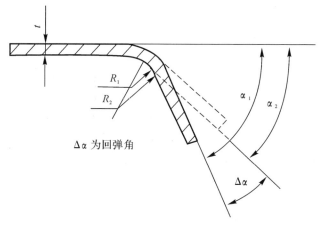

图 2.10　弯曲零件的回弹

由上述内容可知,在实际工作中,"回弹"对钣金零件的成形非常不利。回弹会使零件成形的准确度降低,并增加手工修整工作量,因而总希望回弹角越小越好,最理想的状况是回弹角等于零。那么怎样才能减小甚至消除回弹对弯曲件尺寸精度的不利影响,这就需要找到回弹规律,从而采取适当措施,控制回弹。

4.影响回弹因素。

(1)材料的力学性能。材料的屈服强度 σ_{el} 越高,回弹越大;材料的弹性模量 E 越大,回弹越小。

(2)变形程度。在弯曲中变形程度用相对弯曲半径,也就是弯曲半径 R 和材料厚度 t 的比值 R/t 来表示。R/t 小则回弹小(因为 R/t 小表示零件的变形程度大);反之,R/t 值大时(零件的变形程度小)回弹大。在许可弯曲半径范围内,使 R/t 接近或等于 $1\sim1.5$,可使回弹最小。

(3)弯曲角度。弯曲角度大(即变形区大),则回弹大。

(4)弯曲形状。弯曲件截面形状不同,回弹量也不同。一般形状复杂件回弹小;一般 V 形件回弹大于 U 形件回弹。

(5)弯曲形式。自由弯曲比用模子弯曲回弹大。

(6)材料的纤维方向。顺纹弯曲时,回弹小;垂纹弯曲时,回弹大。

(7)其他因素。影响回弹的因素还有材料的厚度、宽度等。

5.减小回弹的措施。

(1)修整弯曲模角度,实现"过正"弯曲(见图 2.11)。

(2)采用顶面微凹的凸模和顶面微凸的顶件板,弯曲后利用底部产生的回弹来补偿两个圆角处的回弹,以进行 U 形件的弯曲(见图 2.12)。

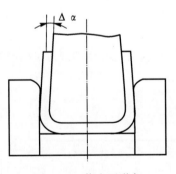

图 2.11　修出回弹角

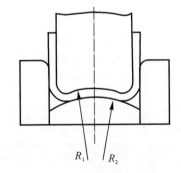

图 2.12　回弹相互补偿

(3)改变模具结构形状,把弯曲模做成局部凸起的形状,使凸模集中地作用在引起回弹变形的弯曲变形区(见图 2.13)。改变弯曲变形区的应力状态,使其变成三向受压的应力状态。U 形件弯曲时,采用负间隙弯曲,使凸凹模之间的单边间隙比材料厚度小 3%~5%,弯曲过程中含有挤压作用,从而减小回弹角。

(4)利用橡胶或聚胺酯软凹模代替金属刚性模进行弯曲,利用调节凸模压入凹模的深度的方法控制弯曲角度(见图 2.14),使卸载回弹后所得零件的角度符合精度要求。

(5)在工艺上,采用校正弯曲代替自由弯曲。

(6)在零件设计上改进某些结构,增加零件刚度来减少回弹。

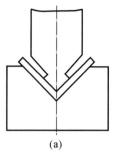
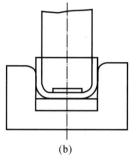

图 2.13　改变凸模形状减少回弹

(a)V 形模；　(b)U 形模

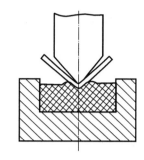

图 2.14　弹性凹模的单角弯曲

五、弯曲件展开尺寸的计算

弯曲件展开尺寸正确与否,直接影响零件的质量和生产效率,因为展开尺寸如果计算不准确会导致零件报废、材料浪费或增加修整工作量。弯曲件展开尺寸的计算方法有理论计算法、简化计算法和图解法(略)。

1.理论计算法。

(1)弯曲半径很小($R < \dfrac{t}{2}$)时,展开尺寸计算法。

1)单角弯曲件展开尺寸[见图 2.15(a)]为

$$L = L_1 + L_2 + Kt \tag{2.1}$$

式中　　K——修正系数,介于 $0.48 \sim 0.5$ 之间,软料取小值,硬料取大值;

　　L_1, L_2——直边内表面交线长度;

　　t——材料的厚度。

2)多角弯曲件展开尺寸[见图 2.15(b)]为

$$L = L_1 + L_2 + L_3 + \cdots + L_n + (n-1)K_1 t \tag{2.2}$$

式中　　　　K_1——修正系数,双角弯曲时介于 $0.45 \sim 0.48$ 之间,多角弯曲时为 0.25(对于塑性好的材料可减至 0.125);

　　$L_1, L_2, \cdots, L_n$——直边内表面交线长度;

　　t——材料的厚度。

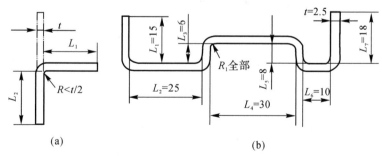

图 2.15　小弯曲半径的弯曲件

(a)单角弯曲件；　(b)多角弯曲件

例 2.1 计算如图 2.15(b) 所示零件的展开尺寸。

解 取 $K_1 = 0.25$，将各值代入式(2.2)，得

$$L = L_1 + L_2 + L_3 + \cdots + L_n + (n-1)K_1 t =$$
$$L_1 + L_2 + L_3 + L_4 + L_5 + L_6 + L_7 + (7-1) \times 0.25 \times 2.5 \text{ mm} =$$
$$(15 + 25 + 6 + 30 + 8 + 10 + 18 + 6 \times 0.25 \times 2.5) \text{ mm} = 115.75 \text{ mm}$$

（2）中性层展开计算法。当弯曲件的弯曲半径 $R > \dfrac{t}{2}$ 且弯曲角度 α 为任意角时，其展开长度等于各直线部分长度和圆弧部分长度之和（见图 2.16）。

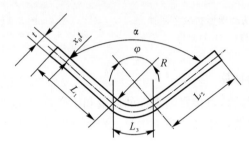

图 2.16 任意角弯曲件的展开

$$L = L_1 + L_2 + L_3$$

式中 　L_1, L_2 —— 直边内表面交线长度；

　　　　L_3 —— 中性层的弧长。

1）中性层弧长 L_3 的计算，即

$$L_3 = \frac{\pi}{180°} \varphi (R + x_0 t)$$

式中 　x_0 —— 中性层位置系数（见表 2.2）；

　　　　φ —— 弧长 L_3 所对的角度，$\varphi = 180° - \alpha$（α 为弯曲角）；

　　$R + x_0 t$ —— 中性层半径；

　　$\dfrac{\pi}{180°}\varphi$ —— 弯曲弧长所对的弧度，$\dfrac{\pi}{180°}\varphi = 0.017\,5(180° - \alpha)$。

$$L = L_1 + L_2 + 0.017\,5(180° - \alpha)(R + x_0 t)$$

表 2.2 中性层位置系数

$\dfrac{R}{t}$	0.1	0.25	0.5	1.0	2.0	3.0	4.0	4 以上
x_0	0.32	0.35	0.38	0.42	0.46	0.47	0.48	0.5

2）中性层位置。中性层的长度在弯曲前后不变，但中性层的位置是变化的。当相对弯曲半径 $\dfrac{R}{t} \leqslant 4$ 时，中性层的位置向内表面移动；当 $\dfrac{R}{t} > 4$ 时，中性层位置可认为在板材厚度的 $\dfrac{1}{2}$ 处。

例 2.2 计算如图 2.17 所示零件的展开尺寸。

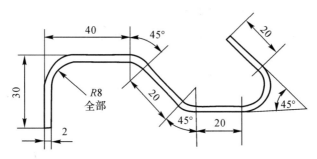

图 2.17　多角弯曲件

解　从图 2.17 可知:材料厚度 $t=2$ mm;弯曲的圆角半径均相等,即全部 $R=8$ mm;相对弯曲半径 $\dfrac{R}{t}=\dfrac{8}{2}$ mm $=4$ mm。

零件展开尺寸的计算过程如下:

a.求直线段总长。

$$\sum L_{直}=[30-(8+2)+40-(8+2)+20+20+20]\ \text{mm}=110\ \text{mm}$$

b.求弯曲弧长所对的角度之和。

$$\sum \varphi=90°+45°+45°+180°-45°=315°$$

c.求总弧长。按相对弯曲半径 $\dfrac{R}{t}=4$,查表 2.2 得 $x_0=0.48$,有

$$\sum L_{弧}=\dfrac{\pi}{180°}\sum \varphi(R+x_0 t)=[0.017\ 5\times315\times(8+0.48\times2)]\ \text{mm}=49.39\ \text{mm}$$

d.求展开尺寸。

$$\sum L_{展}=\sum L_{直}+\sum L_{弧}=(110+49.39)\ \text{mm}=159.39\ \text{mm}$$

2.简化计算法。

(1)薄铝板单角的直角弯曲件展开尺寸(见图 2.18)为

$$L=a+b-\left(\dfrac{R}{2}+t\right)$$

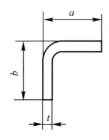

图 2.18　单角直角弯曲件

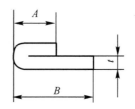

图 2.19　180°单角弯曲件

(2)弯曲 180°且 $\dfrac{R}{t}\approx0.1$,弯曲件展开尺寸(见图 2.19)为

$$L=A+B-\dfrac{t}{2}$$

例 2.3 计算如图 2.20 所示零件的展开尺寸。

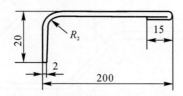

图 2.20 适用简化展开法的弯曲件

解 从图 2.20 所示可知:弯曲半径 $R=2$ mm,材料厚度 $t=2$ mm。

用简化计算法计算其展开尺寸为

$$L=(200+20+15) \text{ mm}-\left(\frac{R}{2}+t\right)-\frac{t}{2}=\left[235-\left(\frac{2}{2}+2\right)-\frac{2}{2}\right] \text{ mm}=231 \text{ mm}$$

(3) 直角弯边件弯曲前展开料高出模块尺寸 b 的计算(见图 2.21),即

$$b=H-0.2(2R+t)$$

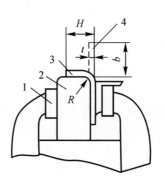

图 2.21 直角弯边的弯曲定位

1— 钳口; 2— 模块; 3— 弯曲零件; 4— 弯曲前展开料

(4) 用折弯模弯直角时,定位板至弯折中心的距离 b' 的计算(见图 2.22),即

$$b'=H-0.2(R+3t)$$

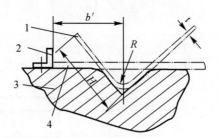

图 2.22 用折弯模弯直角时的定位

1— 弯曲件; 2— 定位板; 3— 模块; 4— 弯曲前展开料

简化计算法对于多角弯曲计算出的展开尺寸误差较大,故不适用。上述弯曲零件展开长度的计算,没有考虑各种材料的性质、变形速度、弯曲方式、模具结构及零件精密程度等,因此展开尺寸计算值应通过试验加以修正。具体应用哪种方法要根据零件的实际情况及要求确定。

六、手工弯曲操作方法及要点

1.板料的弯折。

（1）单角弯曲。

1）计算展开尺寸并下料，划出弯折线（弯曲线），如图 2.23 所示。

2）准备两块模块或轨铁，长度大于零件长度，倒圆角半径 R 与零件一致，如图 2.24 所示。

图 2.23　划弯折线（弯曲线）

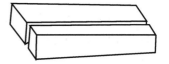

图 2.24　准备轨铁

3）将毛料夹紧在两块轨铁之间，使弯折（弯曲）线对准模块圆角半径 R 中心，如图 2.25 所示。

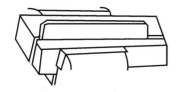

图 2.25　夹紧毛料

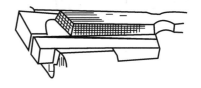

图 2.26　用橡皮打板或木打板将弯边打靠

4）用橡皮打板或木打板压倒毛料后，先将弯边打制成根部略有隆起，然后打靠材料根部，使其靠模，如图 2.26 所示。

5）用木榔头将圆角半径 R 处从头至尾均匀捶击一遍，使其靠模，如图 2.27 所示。

6）消除回弹。用顶板（或木尖）对准零件内弯曲半径 R 处成 45°，用木榔头轻轻敲打顶板（或木尖），将零件内弯曲半径 R 处均匀"顶"一遍，如图 2.28（a）所示。或用顶板（或木尖）对准零件边缘成 45°，用木榔头敲打顶板（或木尖），将弯边的边缘均匀顶一遍，使弯边相对于模块微微向内拱起，如图 2.28（b）所示。

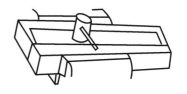

图 2.27　捶圆角半径 R 靠模

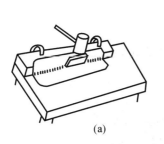

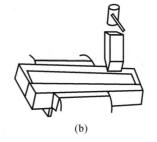

(a)　　　　　　　　　(b)

图 2.28　消除回弹

7）修整贴模。可将弯曲件放在平台上，用橡皮打板拍平弯边内表面，如图 2.29 所示。再将零件夹在轨铁中，用木榔头或橡皮打板拍打校至贴模，如图 2.30 所示。

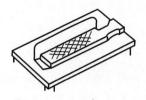
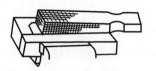

图 2.29　消除反凹　　　　　图 2.30　修整贴模

（2）多角弯曲。方法同单角弯曲，但须注意弯曲顺序，一般是先里后外，如图 2.31 所示。多角弯曲的操作要点详见工艺分析知识点的叙述。

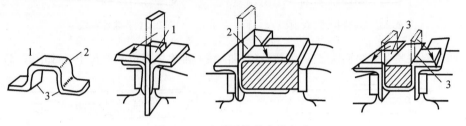

图 2.31　几形零件的弯曲方法

2.板料的卷曲 —— 圆筒的弯曲。

（1）确定圆筒的展开尺寸并下料。

（2）先预弯板料的两端（约 1/4 板长），将板料放在轨铁上，用木榔头或木打板由外向内均匀锤击进行弯曲，如图 2.32 所示。

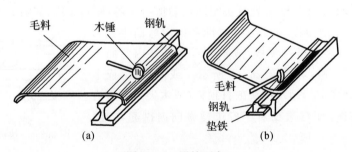

图 2.32　圆筒预弯
（a）薄板的预弯；　（b）较厚板的预弯

（3）然后弯曲中间部分，将预弯好的板料放在模胎或槽钢上，用型锤进行敲圆，注意弯曲位置线应与板料两边平行，如图 2.33 所示。

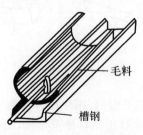

图 2.33　弯曲中间部分

(4) 如图 2.34 所示,进行手工合口后,将弯好的圆筒套在圆钢上矫圆。

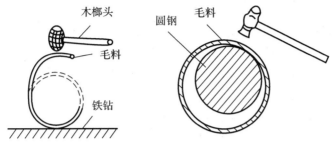

图 2.34 敲成圆管和矫圆

七、手工弯曲常见质量故障、原因分析与排除方法

手工弯曲常见质量故障、原因分析与排除方法见表 2.3。

表 2.3 手工弯曲常见质量故障、原因分析与排除方法

序 号	故障原因	原因分析	排除方法
1	端头裂纹	(1) 端头毛刺未修光 (2) 弯边交接处未钻止裂孔	(1) 修光毛刺或将毛料面朝内 (2) 钻止裂孔
2	弯曲半径 R 处外层裂纹	(1) 弯曲半径小 (2) 弯折线与纤维方向平行 (3) 表面裂纹或划伤	(1) 加大弯曲半径 (2) 弯折线与纤维方向夹角不小于 30° (3) 剔除毛料表面裂纹
3	弯边反凹	弯曲时受力不均,材料排放不均,因外层材料受牵制少,变形阻力小,易伸长	(1) 用木尖对准零件内弯曲半径 R 处成 45°,用木榔头轻轻敲打木尖,将内弯曲半径 R 处均匀"顶"一遍,消除回弹 (2) 将弯曲件放在平台上,用橡皮打板拍平弯边内表面
4	弯边波浪翘曲	捶击不均,橡皮打板抽打接触面短	(1) 橡皮打板抽打长度尽可能长 (2) 垫木打板捶击校平
5	印痕	工具选择不当,榔头侧击致伤	榔头要打平,铝合金尽可能不用铝榔头

【任务实施】

一、准备工作

1. 材料准备。

材料规格:$\delta 1.0$ mm × 100 mm × 40 mm;材料牌号:2A12O;数量:1 件。

2. 工艺装备。

游标卡尺(0~150 mm)、半径规、钢板尺(0~300 mm)、直口剪(10″)、划针、木榔头、橡皮

打板、弯边模等钣金常用工具。

二、操作步骤

1.检查。检查材料状态、规格、尺寸、表面质量(要求:无划伤、压痕、裂纹等)。

2.计算展开料长度。零件为多角直角弯曲,展开料长度采用经验计算法:

$$L = a + b - (n-1)(R/2 + t) = [10 \times 2 + 25 \times 2 + 32 - (5-1)(3/2 + 1.0)] \text{ mm} =$$
$$(102 - 4 \times 2.5) \text{ mm} = 92 \text{ mm}$$

3.下料。按计算好的展开料长度下料剪切至 92 mm × 40 mm,锉修边缘毛刺。

4.划弯折线。按图纸划出零件中心线,以中心线为基准左右对称划出弯曲线(一般为弯曲中线)32 mm,25 mm,10 mm,要求划线尺寸准确、清晰,保证符合图纸要求。

5.弯曲成形。

(1)将毛料按弯曲线夹在弯曲模之间,毛料弯曲中线对准弯曲模圆角半径 R 中心,弯曲模在虎钳上要夹紧并垫实。

(2)用橡皮打板或木打板打倒材料,再把木打板平放于弯边面上,用木榔头打至贴模。该方法可使 R 处平直、光滑无锤痕。

(3)用木榔头和木尖将 R 处从头至尾均匀锤击一遍,使其贴模。

(4)将零件取下靠在轨铁平面上,用木榔头和尖顶板将 R 处从头至尾均匀"顶"一遍,使材料收缩贴模,消除零件回弹、翘曲及反凹。

(5)修正贴模。最后将零件夹在弯曲模中,用橡皮打板抽打直至贴模。

(6)依据图纸检查弯边尺寸,保证弯边平直,弯边尺寸准确,符合公差要求。第一个弯边完成。

对于多次弯曲,操作时一定要注意弯曲的顺序,一般是采用先里后外,这样比较容易保证弯曲件各部分的尺寸。每次弯折后要对照图纸逐一检查,保证弯边平直,弯边尺寸准确,如果出现扭歪、错位等现象要及时修正,符合要求后,再进行下一个尺寸的弯折,否则造成误差积累无法返修。该零件的折弯操作顺序如图 2.35(a)(b)(c)(d)所示。

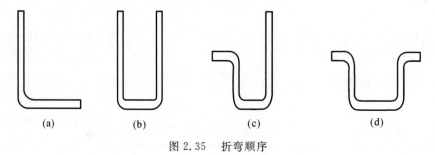

(a)   (b)   (c)   (d)

图 2.35　折弯顺序

6.按图纸修整,满足技术要求,锉修边缘毛刺。

7.按图纸检查。

(1)用卡尺测量每个弯边尺寸是否符合图纸要求,满足技术条件 ±0.2 mm。

(2)用半径规测量弯曲半径 R3 mm,符合公差 ±0.5 mm。

(3)用角度尺测量弯曲角度,符合图纸 90° ±30′。

(4)用塞尺测量每个弯曲平面的平面度,要求间隙 < 0.5 mm。

（5）目测零件表面不得有压痕、锤痕、裂纹。

三、安全操作技术及注意事项

1.操作时操作者站立姿势要稳定,掌握正确的手工弯曲操作方法。

2.弯曲成形时,能用木板敲的尽量不用榔头敲制直弯边,以免造成零件表面凸凹不平、材料变形不均等缺陷。

3.夹在虎钳上的弯曲模要夹紧并垫实,防止敲打成形中材料下移影响弯边尺寸,以及预防模具掉落,产生安全隐患。

4.划弯折线时要用红、蓝铅笔,避免划针划线时刺入板料太深,弯折时产生裂纹。

5.操作中对木榔头要经常进行检查,不能有掉头现象。

6.工作现场严格遵守安全操作规程,搬运模具时要拿稳、放平。

7.工作现场工量具按要求定制摆放,量具轻拿轻放,在使用完后擦净放入量具盒内。

8.剪切余料要随时清理,保持工作现场干净、整洁。

9.使用设备时严格遵守设备安全操作规程,女工要戴工作帽,头发放入帽内。

10.加强质量意识,树立不断提高产品质量的思想。

11.操作者要有认真、仔细的学习态度。

【实施效果评价】

一、自检与评价

每位学生完成课题后,按照图纸和评分标准认真测量课件是否符合图纸要求,对不合格的尺寸做出自检标记。

二、质量分析

学生针对自己在加工中出现的质量问题做出原因分析及纠正措施,指导教师对全部学生的课件进行检测,并做好检测记录,对于学生普遍存在的操作方法、检测方法、技术安全等问题,分析产生的错误原因,提出纠正措施,避免类似的问题重复发生。

三、手工弯曲评分表

手工弯曲评分表见表 2.4。

表 2.4　手工弯曲评分表　　　　　　　　　（单位:mm）

手工弯曲技能操作评分表			图号		考号		总分	
			BJ2-1					
序号	考核要求	配分 T	评分标准			量具	检测结果	扣分
			$\leqslant T$	$>T,\leqslant 2T$	$>2T$			
1	32±0.2	10	10	0	0	卡尺		
2	25±0.2(2处)	10×2	10	0	0	卡尺		
3	10±0.2(2处)	10×2	10	0	0	卡尺		
4	R3±0.5(典型)	10	10	0	0	半径规		

续 表

手工弯曲技能操作评分表		图号		考号		总分		
		BJ2-1						
序号	考核要求	配分 T	评分标准			量具	检测结果	扣分
			≤T	>T,≤2T	>2T			
5	40±0.2	10	10	0	0	卡尺		
6	90°±30′	20	20	0	0	卡尺		
7	平面度<0.5	10	10	0	0	塞尺		
8	表面质量:无裂纹、夹伤、划伤、锤痕等,发现每处扣2分					目测		
9	技术安全与文明生产		违反有关规定扣总分5~10分			现场记录		
合计			100分					

检测: 年 月 日

【课后思考与练习】

1.什么叫弯曲?手工弯曲如何分类?

2.何谓最小弯曲半径?影响最小弯曲半径的主要因素有哪些?

3.什么叫弯曲回弹?它是怎样产生的?

4.减少弯曲回弹的措施有哪些?

5.试分析口形零件(见图2.36)弯曲操作过程,并完成此零件的成形。

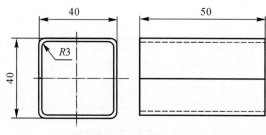

图2.36 口形零件

项目课题 3 收   边

内容提示

项目课题 3 主要讲述收边任务实施工艺分析及材料、操作工量具、技术要求、相关专业知识;任务实施准备工作、操作步骤、安全操作技术及注意事项、实施效果评价等内容。

教学要求

(1)了解收边概念及收边原理。

(2)掌握收边的基本方法和操作要点。

(3)掌握收边操作过程中常见的质量故障分析及排除方法。

内容框架图

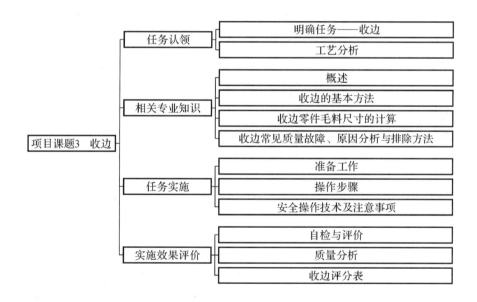

【任务引领】

一、明确任务——收边

1.在 $\delta 1.0$ mm×220 mm×120 mm 和 $\delta 1.0$ mm×300 mm×50 mm 的铝合金材料上完成如图 3.1 所示的零件。

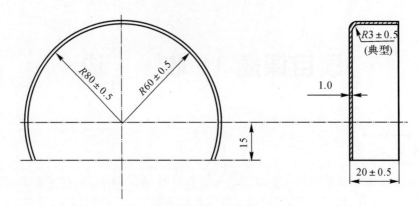

图 3.1　收边零件

2.技术要求。

(1)未注尺寸公差为±0.5 mm。

(2)角度公差为±30′。

(3)平面度≤0.5 mm。

(4)表面质量:表面无划痕、压伤、裂纹等。

3.收边工量具清单见表 3.1。

表 3.1　收边工量具清单

收边操作工量具清单			图号		BJ3-1	材料规格		
						δ1.0 mm×220 mm×120 mm		
						δ1.0 mm×300 mm×500 mm		
			数量/件		2	材料牌号		2A12O
序号	名称	规格	数量/件	序号	名称		规格	数量/件
1	直口剪	10″	1	6	弓形夹		/	1
2	角度尺	320°	1	7	划针		/	1
3	钢板尺	0~300 mm	1	8	划规		/	1
4	游标卡尺	0~150 mm	1	9	芯棒		φ40 mm	1
5	半径规	R1.0~6.0 mm	1	10	木榔头		φ30 mm,φ40 mm	各1

备注:钣金常用工具。

二、工艺分析

该零件为凸曲线弯边零件,可采用模胎进行搂边收边和折皱钳收边的成形方法。

该零件为不封闭盆形件,弯边高度为 20 mm,成形采用按模胎进行"搂边"(收边)的加工方法。"搂边"成形是拉收相结合,以收为主的一种成形方式。该方法收边效率高,零件质量好。"搂边"成形时为达到良好的收边效果,可采用由两端向中间收,最终使零件两端先贴膜,这样,就增加了零件弯边两端的刚性,可抑制中间部分的材料向零件两端流动而使端头的弯曲半径 R 变小或向一边凸起,避免因反复修整而有可能产生的裂纹。

折皱钳收边是用折波钳在角材底面部分做出若干折皱,为避免波纹向外伸展先将波纹口部敲平封住,再在轨铁上用榔头收平波纹,折皱收边可多次进行,直到符合要求形状及技术要求。

【相关专业知识】

一、概述

1.收边。使毛料起皱收缩变短的过程称为收边。"收"主要是依靠板料的收缩变形来成形零件,主要变形方式是拉伸和凸弯边成形。

2.基本原理。先使板料起皱,再把起皱处在防止伸展恢复的情况下压平。这样,板料被收缩,长度减小,厚度增大。

3.变形特点。

(1)收边属于压缩变形,使材料纤维缩短,厚度增加。

(2)收边是塑性变形过程,对材料敲击越多,加工硬化越加剧,变形抗力增加,严重时将产生裂纹,为使收边工作顺利进行,防止裂纹产生,操作方法要恰当,变形程度大的还要安排中间退火。

4.用途。加工凸曲线弯边(见图 3.2)或修整零件贴模一般采用收边。

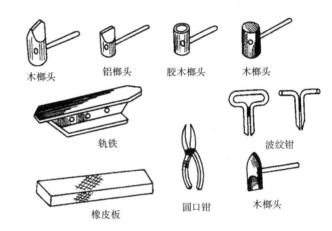

图 3.2　凸曲线弯边件

图 3.3　收边工具

5.收边工具及设备。

(1)收边工具(见图 3.3)。

(2)收边设备。

1)收缩机(收边机)。用于收缩型材和板材,收缩厚度可达 2 mm,机床收缩频率为 140～150 次/min(见图 3.4)。

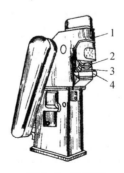

图 3.4　收缩机

1—收缩机；　2—上收边模；　3—下收边模；　4—调节上、下模间隙手轮

2)雅高机(见图3.5)。雅高机原理很简单,它利用模具通过雅高机对成形部位施加外力,由模具的不同来控制力的方向,从而使加工部分达到预期的要求。雅高机是通过逐步成形达到设计形状的,校形精度高、准确可靠。不仅可对钣金零件边缘进行无余量收缩、放边校形,还可对钣金件弯边及角度进行校形,以及消除大腹板零件的中间鼓动变形。在收缩、放料加工和对蒙皮的校形、收放加工中起到其他校形设备无法替代的作用。一般最大加工厚度为6 mm。雅高机的操作详见项目课题10。

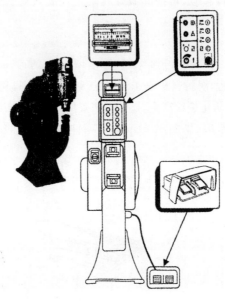

图3.5　雅高机

二、收边的基本方法

收边的方法很多,生产中工人常根据零件、毛料以及工具情况加以具体选择,甚至自己创造出合适的方法,以下分别阐述最基本的收边方法。

1.折皱钳折皱(折波钳起波)收边。折皱钳(折波钳)用两段直径为10 mm左右铁棒弯制,钳口必须平整、光滑。

根据零件曲度的大小,用折皱钳在收边部位折起若干个波纹,再在轨铁上收平波纹或用弓形夹夹住毛料,在平台上收平波纹,如图3.6所示。

图3.6　折皱钳折皱(折波钳起波)收边

以角材的收边为例介绍其操作方法及要点如下:

角材收边时,先下直毛料,在折板机上弯成如图3.7所示的角材,再收缩至如图3.8所示的形状。

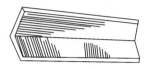

图 3.7　收边前角材

图 3.8　收边后角材

(1)用折皱钳在角材底面弯边部分做出折皱。折波纹尺寸要适当,高度不宜太高,应与宽度相等,折波纹长度不大于零件底边的 2/3,折波纹要分布均匀,两个折波纹间的距离约等于底边宽,如图 3.9 所示。角材收边时,收边的弯边要留有 3～5 mm 加工余量。收边前角材弯角应大于所需角度 2°左右,如果弯曲程度大,弯角还要大些,如图 3.10 所示。

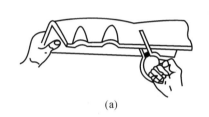

(a)

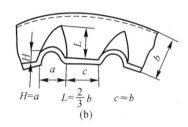

$H=a$　$L=\frac{2}{3}b$　$c\approx b$

(b)

图 3.9　折波纹

(a)用折皱钳折波纹;　(b)折波纹尺寸

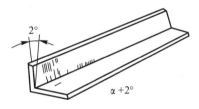

图 3.10　收边前角材弯角

(2)消波纹收边。平波纹时,首先将波纹封口,也就是用木榔头将波纹的开口边缘做个小弯,这样可避免波纹伸展,然后再从波纹顶点开始,轮流敲打波纹的两侧,逐渐将波纹赶至工作边缘,直至把波纹收平。消波纹顺序如图 3.11 所示。

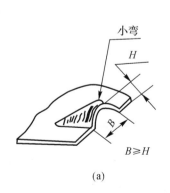

(a)

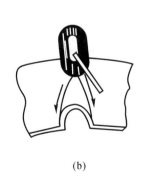

(b)

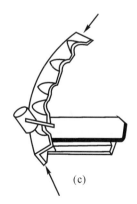

(c)

图 3.11　消波纹顺序

(a)边缘制小弯;　(b)收波纹;　(c)消皱

注意：

1)在轨铁上用榔头收平波纹时，要注意顶铁不要顶住内弯角，以免顶伤零件，同时，从两端向内加力，以提高消除波纹效率。

2)当零件收缩变形程度(H/R 工件)大时，收边可多次进行(第二次的波纹与第一次的波纹错开，及时清除第一次折波后造成的裂纹)，直到符合要求形状，必要时还须安排中间退火。

3)收边后在平台上校正收边平面，如图 3.12 所示。

4)槽形断面的凸弯边收边，两弯边折波纹要同时作出并相互对应(见图 3.13)，否则零件易产生扭曲。手工收边方法同上。

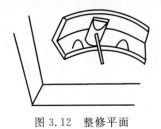 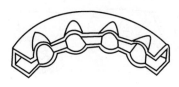

图 3.12　整修平面　　　　　图 3.13　槽形件折波纹

2.橡皮打板收边。当修整零件时，对板料松动部位用橡皮打板抽打，使材料收缩，这种方法收得均匀，零件表面光滑，但收边量不大，效率较低，较薄材料校平时采用，如图 3.14(a)所示。

其原理如图 3.14(b)所示，抽打时，橡皮打板因惯性而产生弯曲，此时底面长度 L_1 大于原始长度 L_0，当橡皮接触毛料波纹时，波纹受压后有向外舒伸趋势，但因橡皮底面迅速缩短，利用橡皮很好的摩擦力使包覆区内材料收缩。橡皮打板用中等硬度的厚橡皮板制造。

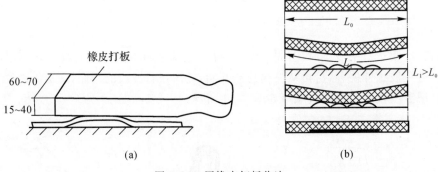

图 3.14　用橡皮打板收边

3.搂边收边。将毛料夹紧在型胎上，毛料下面用顶棒顶住，先将根部固定，再用木榔头敲打顶住的毛料部分，使毛料收缩靠模，如图 3.15 所示。盆形件按模胎进行搂边，其收边效率较高，这种成形是拉-收结合，以收为主。以盆形件的收边为例介绍其操作方法及要点如下：

(1)将毛料划好弯折线，夹紧在模胎上，如图 3.16 所示。

(2)左手用顶棒顶住毛料下部(应视弯边高度选择适当顶棒)，右手用木榔头在被顶的材料上将毛料从根部打弯，并使弯边根部先贴模。两手协调逐渐在圆周方向移动，使毛料在圆周上均匀地向下弯曲(见图 3.17)。收缩每一圈时力求使材料贴模后再收下一圈，并把多余料赶向边缘,使毛料边缘起波浪,及时收平每一圈的边缘波浪,避免因波浪堆积而出现的死皱。

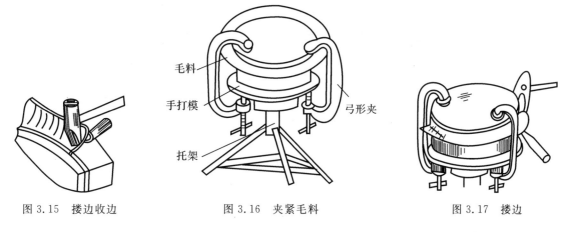

图 3.15　搂边收边　　　　　　　图 3.16　夹紧毛料　　　　　　　图 3.17　搂边

（3）继续搂边,直到逐渐把毛料边缘的波浪收平,将毛料圆周搂至符合弯边高度尺寸,并贴模,如图 3.18 所示。

图 3.18　继续搂边　　　　　　　图 3.19　在轨铁上校正

注意:

1）搂收时,是从根部开始一圈一圈在同一高度上进行的,并逐渐向边缘推进,收缩每一圈时,力求使材料贴模后再收下一圈,把多余材料赶向边缘。

2）搂收时木榔头着力表面应轻一些,这样收缩的零件表面光滑。

3）搂收时应选用锤击面毛一些的木榔头,这样的木榔头收缩的零件表面光滑、无锤痕。

（4）取下零件,修剪多余毛料,在轨铁上收边、平皱,以达到图纸要求的角度、平度和弯边高度,如图 3.19 所示。

（5）辅助收边［见图 3.20(a)］。可在收缩机或雅高机上进行,但须留收边余量;当料厚大于或等于 1～2 mm,边高小于或等于 25 mm 时,可按图 3.20(b)所示在模具上顶收弯边,并用橡皮打板或铅条抽打贴模,也可如图 3.20(c)所示在凹模上内顶弯曲半径 R 根部。

（6）最后在模具上校正贴模,并按样板划线修剪余料,如图 3.21 所示。

4.收缩机（收边机）收边或雅高机收边。收缩机收边原理如图 3.22 所示,当上、下模相碰时,楔形收缩块紧压材料向内移动,使边缘收缩,这种方法主要缺点是咬伤零件表面,最好是在边缘留出余量,最后剪去。

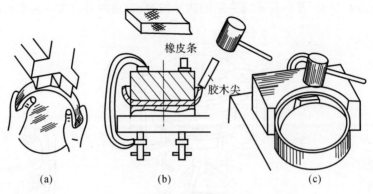

图 3.20　辅助收边

(a)在收缩机上收边；　(b)顶靠弯边再用橡皮打板抽打；　(c)内顶弯曲半径 R 根部

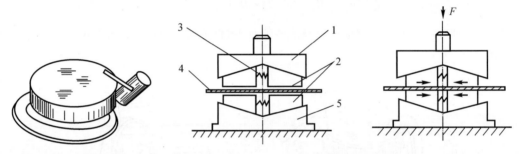

图 3.21　在模具上校正　　　　　　　图 3.22　收缩机收边

1—上模座；　2—上、下斜块；　3—弹簧；　4—毛料；　5—下模座

三、收边零件毛料尺寸的计算

1.角材收成半圆形零件展开尺寸的计算。零件形状如图 3.23 所示。

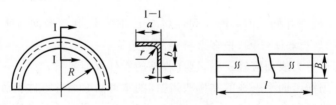

图 3.23　半圆形零件

(1)展开料宽度的计算：

$$B = a + b - \left(\frac{r}{2} + t\right)$$

(2)展开料长度的计算：

$$L = \pi(R + b)$$

以上二式中　　a, b——弯边宽度；

r——内圆角半径；

R——零件弯曲半径；

t——材料厚度。

2.直角形角材零件展开尺寸的计算。零件形状如图 3.24 所示。

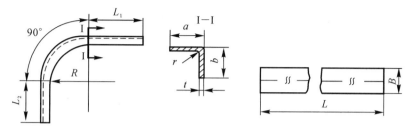

图 3.24　直角形零件

（1）展开料宽度的计算：

$$B = a + b - \left(\frac{r}{2} + t \right)$$

（2）展开料长度的计算：

$$L = L_1 + L_2 + \frac{\pi}{2}(R + b)$$

以上二式中　a, b —— 弯边宽度；

L_1, L_2 —— 直线段长度；

r —— 内圆角半径；

R —— 零件弯曲半径；

t —— 材料厚度。

四、收边常见质量故障、原因分析与排除方法

收边常见质量故障、原因分析与排除方法见表 3.2。

表 3.2　收边常见质量故障、原因分析与排除方法

序　号	故障内容	原因分析	排除方法
1	拱曲	收边量不足	应在拱曲范围内酌量收边
2	翘曲	收边过量	在翘曲范围内,在与平台接触处酌量放边
3	外形不对	(1)收缩不够外形大 (2)收缩过量外形小	(1)增加收缩量 (2)适当排放
4	角度不对	(1)平面不平 (2)收、放量不当	针对具体原因排除
5	材料折叠	折皱尺寸不对,产生死皱	折皱高度、宽度相等
6	榔头印痕	(1)捶击不均 (2)侧击	(1)均匀捶击 (2)防侧击
7	裂纹	(1)死皱重叠 (2)加工硬化,未及时退火 (3)应力集中	(1)正确折皱 (2)增加中间退火 (3)应随时修光边缘毛刺和凹陷

【任务实施】

一、准备工作

1.材料准备。

材料规格:$\delta 1.0$ mm×220 mm×120 mm 和 $\delta 1.0$ mm×300 mm×50 mm;材料牌号:2A12O;数量:各1件。

2.工艺装备。

游标卡尺(0～150 mm)、半径规、钢板尺(0～300 mm)、直角尺、直口剪(10″)、划针、木榔头、模胎、橡皮拍板、折波钳、弓形夹等钣金常用工具。

二、操作步骤

(一)搂边收边

1.检查材料状态、规格、尺寸、表面质量(要求:无划伤、压痕、裂纹等)。

2.按图纸划线、剪切下料,在收边的弯边上留5～10 mm加工余量,锉修边缘毛刺。

3.将毛料按弯折线夹紧在模胎上,并用弓形夹固定好模胎。

4.成形操作,如图3.17和图3.18所示。

左手用顶棒顶住毛料下面(根据弯边高度选择适当的顶棒),右手用木榔头将毛料从根部打弯贴模,两手协调逐渐移动,将毛料沿圆周方向一圈圈均匀搂收一遍,收缩时力求使材料贴模后再收下一圈,把多余材料赶向边缘,直至贴模。为避免端头的弯曲半径 R 变小或向一边凸起,可先将零件两端贴膜,再收中间。搂收时要根据加工角度随时调整模胎位置。

5.取下零件,修剪多余的毛料,再在芯棒或轨铁上收边、校平波纹,直到符合技术要求,如图3.19所示。

6.在模胎上校正贴模,如图3.21所示。

7.按图纸划线修剪余量,修光边缘毛刺,满足技术要求。

8.按图纸检查,符合图纸要求。

(1)用卡尺测量弯边尺寸是否符合图纸要求,满足技术条件±0.5 mm。

(2)用半径规测量弯曲半径 $R3$ mm,符合公差±0.5 mm。

(3)用角度尺测量弯边角度,符合图纸90°±30′。

(4)用塞尺测量零件平面与平台的接触面,要求间隙<0.5 mm。

(5)检测收边外形,符合外形样板。

(6)目测零件表面不得有压痕、锤痕、裂纹、波纹痕迹。

(二)折波钳收边

1.检查材料状态、规格、尺寸、表面质量(无划伤、压痕、裂纹等)。

2.按图纸划线剪切下料,在收边的弯边上留5～10 mm加工余量,锉修边缘毛刺。

3.在折板机上将板料弯制成角材,角材弯制角度应大于所需角度2°左右。

4.折皱收边操作,如图3.9和图3.11所示。

根据零件曲度大小,用折波钳在弯边底部收边部分做出若干波纹,波纹分布要均匀,高度不宜太高,波长不大于零件底边的2/3。平波纹时为了避免波纹向外伸展,应先将波纹口部敲平封住,再在轨铁上用榔头收平波纹,折皱收边可多次进行,第二次折出的波纹要与第一次的折出的波纹错开,避免造成收边曲度不均匀。操作中要及时清除平波后产生的裂纹,要经常用样板检查弯曲度,直到符合要求形状及技术要求。

5.按图纸划线修剪余量,修光边缘毛刺,满足技术要求。

6.按图纸检查,符合图纸要求。

三、安全操作技术及注意事项

1.操作时操作者站立姿势要稳定,掌握正确的收边操作方法。

2.收边时,尽量用毛榔头收制弯边,以免造成表面凹凸不平、表面波纹痕迹等缺陷。

3.夹在虎钳或弓形夹上的模胎要夹紧,防止敲打过程中模胎移位坠落。

4.划弯折线时要用红、蓝铅笔,避免划针刺入板料太深,弯折时产生裂纹。

5.操作中对木榔头要经常进行检查,不能有掉头现象。

6.收边时选用旧的木榔头效果好,新的木榔头和胶木榔头易使材料加工硬化,并影响表面质量。

7.加强质量意识,树立不断提高产品质量的思想。

8.操作者要有认真、仔细的学习态度。

【实施效果评价】

一、自检与评价

每位学生完成课题后,按照图纸和评分标准认真测量课件是否符合图纸要求,对不合格的尺寸做出自检标记。

二、质量分析

学生针对自己在加工中出现的质量问题做出原因分析及纠正措施,指导教师对全部学生的课件进行检测,并做好检测记录,对于学生普遍存在的操作方法、检测方法、技术安全等问题,分析产生的错误原因,提出纠正措施,避免类似的问题重复发生。

三、收边评分表

收边评分表见表 3.3。

表 3.3　收边评分表 （单位:mm）

收边技能操作评分表			图号	考号		总　分		
			BJ3－1					
序号	考核要求	配分 T	评分标准			量具	检测结果	扣分
			$\leqslant T$	$>T,\leqslant 2T$	$>2T,\leqslant 3T$			
1	$R80\pm 0.5$	30	30	15	0	样板		
2	$R60\pm 0.5$	20	20	10	0	卡尺		
3	20 ± 0.5	10	10	0	0	卡尺		

续 表

收边技能操作评分表			图号	考号		总分		
			BJ3-1					
序号	考核要求	配分 T	评分标准			量具	检测结果	扣分
			$\leqslant T$	$>T,\leqslant 2T$	$>2T,\leqslant 3T$			
4	$R3\pm 0.5$（典型）	10	10	0	0	半径规		
5	$90°\pm 30'$	30	30	15	0	角度尺		
7	平面度＜0.5	10	10	0	0	塞尺		
8	表面质量：无裂纹、划伤、毛刺等，发现每处扣2分						目测	
9	技术安全与文明生产	违反有关规定扣总分5～10分				现场记录		
合计		100分						

检测：　　　　　年　　月　　日

【课后思考与练习】

1. 什么叫收边？简述收边原理。

2. 收边的方法有哪些？

3. 简述收边常见质量故障产生原因和解决方法。

4. 试分析"∩"形零件（见图3.25）收边操作过程，并完成此零件的成形。

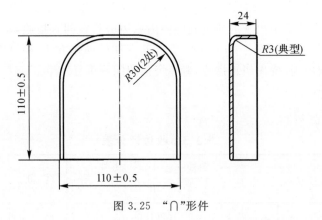

图 3.25 "∩"形件

项目课题 4　放　　边

内容提示

项目课题 4 主要讲述放边任务实施工艺分析及材料、操作工量具、技术要求、相关专业知识;任务实施准备工作、操作步骤、安全操作技术及注意事项、实施效果评价等内容。

教学要求

(1)了解放边概念及放边原理。

(2)掌握放边的基本方法和操作要点。

(3)掌握分析放边操作过程中常见的质量故障及排除方法。

内容框架图

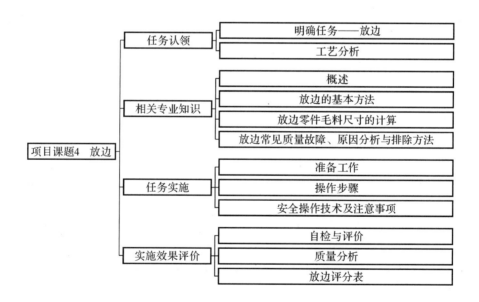

【任务引领】

一、明确任务——放边

1.δ1.0 mm×250 mm×90 mm 和 δ1.0 mm×300 mm×60 mm 的铝合金材料上完成如图 4.1 所示的零件。

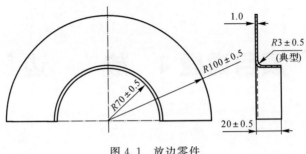

图 4.1　放边零件

2.技术要求。

(1)尺寸公差为±0.5 mm。

(2)表面质量:表面无划痕、压伤、裂纹等。

3.放边工量具清单见表4.1。

表 4.1　放边工量具清单

放边操作工量具清单		图号		材料规格		
		BJ4-1		δ1.0 mm×250 mm×90 mm		
				δ1.0 mm×300 mm×60 mm		
		数量/件	1	材料牌号		2A12O
序号	名称	规格	数量/件	序号	名称	规格	数量/件
1	直口剪	10″	1	7	铝榔长	φ40 mm	1
2	曲口剪	8″	1	8	划规	/	1
3	钢板尺	0～300 mm	1	9	划针	/	1
4	游标卡尺	0～150 mm	1	10	木榔头	φ40 mm	1
5	半径规	R1.0～6.0 mm	1	11	弯边模	/	1
6	角度尺	320°	1				

备注:钣金常用工具。

二、工艺分析

该零件为半圆形凹曲线放边零件,可采用打薄和拉薄两种成形方法。

1.打薄捶放。打薄能使毛料得到较大的延伸变形,放边效果较为显著。但是,材料变薄不均,表面质量不高。操作时,榔头要选用一端窄口一端圆头的铝榔头或胶木榔头捶打弯曲平面,锤击范围应控制在锤放面靠外缘3/4范围内,锤击点要外密里疏,锤放边必须与平台或铁砧表面贴紧,锤放时可正反两面敲打,这样才能保证锤放效果,符合加工要求,如图 4.2(a)(b)所示。

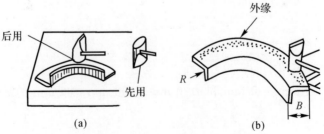

(a)　　　　　　　　　(b)

图 4.2　打薄捶放

2.拉薄捶放。拉薄是用木榔头在厚橡皮或软木墩上捶打要放的边,利用橡皮或木墩软而有弹性的特点,使材料伸展拉长(见图 4.3)。对于料厚大于 1.5 mm,弯边高度较大,展放量大的凹曲线弯边零件,可采用在型胎上顶放拉薄(见图 4.4)。顶放拉薄就是把零件夹在型胎上,用木榔头敲击顶棒使弯边拉伸弯曲。

拉薄在成形弧度不大,材料较薄的情况下使用。拉薄捶放变薄均匀,表面较光滑,但变形过程中易拉裂。操作时,要用细锉和砂纸修光放边边缘和端头毛刺,防止产生裂纹。

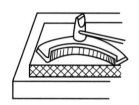 

图 4.3 拉薄捶放   图 4.4 在型胎上顶放拉薄

此零件板料厚度为 1.0 mm,弯边高度为 20 mm,属于展放量大的薄料凹曲线弯边零件,因此建议采用顶放拉薄加工方法。

对薄料凹弯边零件顶放拉薄成形,控制材料的裂纹和变薄量是成形的重点和难点。凡是凹曲线弯边,如果没有边缘材料的伸展变薄,弯边是无法成形的。那么,零件是否产生裂纹,一般不取决于锤击力的大小,而取决于变形程度和毛料边缘的状态。变形量可通过改变木榔头的锤击角度来控制。为避免榔头失控而造成裂纹,可在毛料和型胎之间垫一楔形块进行控制。

【相关专业知识】

一、概述

1.放边:使板料边缘伸展变薄的操作称为放边。

2.应用场合:加工凹曲线弯边零件(见图 4.5)。

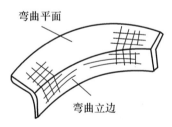

图 4.5 凹曲线弯边零件

3.放边工具及设备。

(1)放边工具。放边工具有木榔头、铝榔头、胶木榔头、铁榔头、轨铁、铁砧、平台、顶杆等(见图 4.6)。

(2)放边设备。

1)空气式点击锤(见图 4.7)。点击锤的功用是对板料或半成品进行局部放料(或放边)和消皱。锤击部分质量为 8 kg,适用于 2 mm 以下的硬铝板、铜板或软钢板锤击展放。机座与机头和装有砧体的砧座为点击锤的主要部分。电动机为点击锤的动力来源。机头上装有全部工作机构。工作时,砧座轴线必须与锤头的轴线相重合。

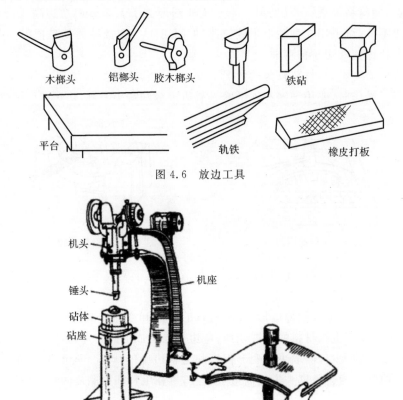

图 4.6　放边工具

图 4.7　空气式点击锤

2)雅高机(同收边)。

二、放边的基本方法

放边方法主要有打薄和拉薄或二者并用。

1.打薄放边。

(1)操作步骤。

1)计算出零件的展开尺寸。

2)下展开料。

3)将毛料弯成角材,并将放边边缘修光毛刺,如图 4.8 所示。

图 4.8　毛料弯成角材

4)在平台或铁砧上捶放弯曲平面边的外缘,成形凹弯边符合样板要求,最后修剪外形,如图 4.9 所示(选用一端带圆弧一端带窄口的胶木榔头或铝榔头,也可两种榔头交替使用。注意按料厚选用榔头窄口尺寸。）。

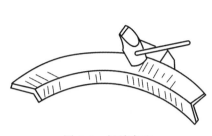

图 4.9　捶放弯边

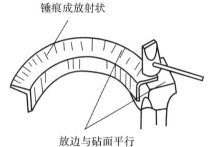

图 4.10　捶放方法

（2）操作要点。

1）选用胶木榔头或铝榔头，榔头端面要光滑。捶打时，榔头要拿稳、打平、打正，锤痕要均匀、平滑，不能打出坑或"月牙"印。

2）捶击点要外密内疏，锤痕要成放射状，捶放边必须与铁砧表面平行并贴紧，如图 4.10 所示。

3）弯边根部不能捶击，否则会使零件扭曲和角度变形，捶击范围应在捶放面靠外缘 3/4 范围内，如图 4.11 所示。

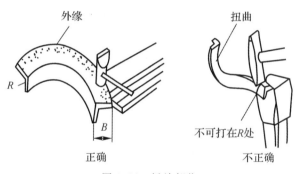

图 4.11　捶放部位

4）当放边宽度较宽、放边量大时，用空气式点击锤或雅高机放边效率高，质量好，如图4.12所示。

图 4.12　空气锤放边

图 4.13　用样板检查

5）经常用样板检查弯曲度，避免放边过量，否则不易修正，还可能报废材料，如图 4.13 所示。

6）捶放过程中，材料易产生加工硬化，要及时退火，否则易产生裂纹。若产生裂纹要及时剪掉、砂光。

（3）特点。打薄能使毛料得到较大的延伸变形,放边效果较为显著,但毛料变薄不均匀,表面质量不高。

2. 拉薄捶放。

（1）操作步骤。

1）计算出零件的展开尺寸。

2）下展开料。

3）用细锉或砂纸修光放边的边缘和端头圆角,防止产生裂纹。

4）用木榔头在厚橡皮或软木墩上捶打要放的边,利用橡皮或木墩软而有弹性的特点,使材料伸展拉长,如图 4.3 所示。

5）顶放拉薄。对于料厚大于 1.5 mm,弯边高度较大,展放量大的凹曲线弯边零件,可采用在型胎上顶放（见图 4.4）。把零件夹在型胎上,用木锤敲击顶木,顶木顶放板料使其伸展。由弯边根部圆角处开始顶放（见图 4.14）,使平面上的料展放成立弯边,而最外缘不动。最后符合弯边高度,敲至贴模。但对于料薄高弯边的零件,顶放拉薄时特别注意拉薄顶裂问题。

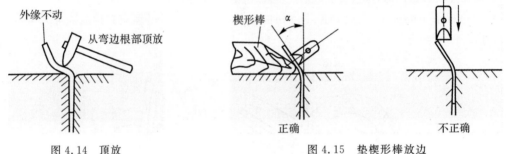

图 4.14　顶放　　　　　　　图 4.15　垫楔形棒放边

（2）操作要点。

1）弯边处留工艺余量,余量不宜太大,为 2～3 mm,最大不超过 5 mm,两端可留10～20 mm。

2）对易裂处用砂布打光,放边中出现裂纹应立即采取措施,如在裂纹处钻止裂孔、修光等。

3）放边应先两端后中间,将两端易变形的材料补充给中间部分。

4）为避免榔头失控而造成裂纹,可在型胎与毛料之间垫一楔形棒,如图 4.15 所示。

（3）特点。变薄较均匀,表面质量较好,但变形过程中易拉裂。适用于成形弧度不大或材料较薄的零件。

三、放边零件毛料尺寸的计算

1. 半圆形直角材零件展开尺寸的计算,零件形状如图 4.16 所示。

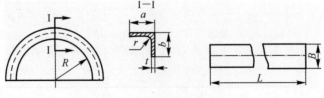

图 4.16　半圆形放边零件

（1）展开料宽度的计算。按简化计算法进行计算，有

$$B = a + b - \left(\frac{r}{2} + t\right)$$

式中　B——展开料宽度；

　a,b——弯边宽度；

　　r——内圆角半径；

　　t——材料厚度。

（2）展开料长度的计算。由于放边的平面上，由根部到外缘，材料伸展程度不同，外缘变薄量大伸展得多，而根部伸展少，所以展开长度取放边宽度 1/2 处的弧长为准来计算。

$$L = \pi\left(R + \frac{b}{2}\right)$$

式中　L——展开料长度；

　R——零件弯曲半径；

　b——放边宽度。

2.直角形角材零件展开尺寸的计算，零件形状如图 4.17 所示。

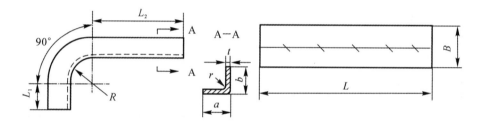

图 4.17　直角形放边零件

（1）展开料宽度的计算，即

$$B = a + b - \left(\frac{r}{2} + t\right)$$

式中　B——展开料宽度；

　a,b——弯边宽度；

　　r——内圆角半径；

　　t——材料厚度。

（2）展开料长度的计算，即

$$L = L_1 + L_2 + \frac{\pi}{2}\left(R + \frac{b}{2}\right)$$

式中　L_1,L_2——直线段长度；

　　R——零件弯曲半径；

　　b——放边宽度。

四、放边常见质量故障、原因分析与排除方法

放边常见质量故障、原因分析与排除方法见表 4.2。

表 4.2　常见质量故障、原因分析与排除方法

序　号	故障内容	原因分析	排除方法
1	翘扭	(1) 捶放面与铁砧不平行 (2) 捶击根部引起	(1) 放平捶展 (2) 捶展范围靠外缘 3/4 平面范围内
2	外形与样板不符	捶放量不当	(1) 小于样板应增加捶放量 (2) 大于样板要适当收边
3	捶痕	(1) 用力不均 (2) 工具不当	(1) 锤要击平 (2) 增加接触面,新木榔头要先在平台上打毛
4	裂纹	(1) 边缘不光 (2) 捶击集中 (3) 加工硬化 (4) 变形量过大	(1) 打光边缘,发现裂纹及时排除 (2) 捶击要求均匀 (3) 增加中间退火工序 (4) 改进操作方法

【任务实施】

一、准备工作

1.材料准备。

材料规格:$\delta1.0$ mm × 250 mm × 90 mm 和 $\delta1.0$ mm × 300 mm × 60 mm;材料牌号: 2A12O;数量:各1件。

2.工艺装备。

游标卡尺(0~150 mm)、半径规、钢板尺(0~300 mm)、直口剪(10″)、直口剪(8″)、划针、木榔头、铝榔头、橡皮拍板、成形模等钣金常用工具。

二、操作步骤

(一)拉薄锤放

1.检查材料状态、规格、表面质量(要求:无划伤、压痕、裂纹等)。

2.下展开料。依据图纸划中心线,以圆心为对称点,分别以 $R100$ mm,$R70$ mm,$R50$ mm 为半径划圆,并按 $R100$ mm,$R50$ mm 线剪切下料,锉修边缘毛刺并用砂纸打光。由于拉伸易产生裂纹,因此对易发生裂纹的部位要留一定的加工余量,一般零件弯边两侧留3~5 mm,两端留 10~20 mm。

3.放边成形。

(1)毛料安装:按划线位置把毛料夹在型胎上,用弓形夹夹紧。因型胎没有定位装置,在成形前要检查毛料安装是否符合要求,零件弯曲半径 R 与型胎外形要相对应,测量弯边高度是否满足图纸要求,如有偏移误差,可用木榔头轻轻敲打毛料边缘找正位置,并确保型胎夹紧牢固。

(2)成形圆角半径:放边敲打时,不能直接打弯边外缘,如图 4.15 所示,否则容易变薄拉裂,应从弯边根部向外展放,如图 4.14 所示。操作时左手握住顶棒,顶棒端头紧贴型胎弯边根部,用木榔头敲打顶棒,沿弯边根部圆角处开始顶放,为保证圆角半径光滑,顶棒要握稳,沿弯边曲线均匀移动,直至弯边根部 R 靠模,如图 4.4 所示。

(3)成形弯边:放边时先放两端后放中间,将两端易变形的材料补充给中间部分,为避免裂纹,可在弯边根部贴胎后,在毛料与型胎间垫一楔形块,再用木榔头敲打垫住的毛料部分,这样,通过控制锤击角度和锤击力来保证放边质量,直至弯边贴模成形,如图 4.15 所示。

(4)修整贴模:检查零件贴模情况,如有间隙或弯边不平滑,可把一圆棒放在弯边上,再敲打圆棒修整直至贴查模(圆棒可以用木榔头替代)。

(5)划线、剪切余量:取下工件,将零件放在外形样板正面的上方,确保零件弯曲半径与样板相吻合,然后按外形样板划出零件外形线,修剪余量,去毛刺。

(6)修整:最后在模具上校正贴模,符合技术要求。

(7)检查:按图纸检查。

(二)打薄锤放

1.检查材料状态、规格、表面质量。要求:材料无明显划伤、压痕、等缺陷。

2.计算零件展开料长度和宽度尺寸。

3.下展开料,锉修边缘毛刺并用砂纸打光。

4.按图纸将板料弯制成角材。

5.放边成形。

在平台或铁砧上锤放弯曲平面边的外缘,使材料伸展变薄,逐渐成形为凹曲线弯边零件。成形时锤放边必须与平台(铁砧)表面贴紧,锤放范围控制在锤放面靠近外缘 3/4 范围内,弯边根部不能锤击,否则会使零件产生扭曲和角度变形。操作中要经常用样板检查弯曲度,避免因放边过量,造成大量修正工作量甚至报废。

5.修整。

6.划线、去余量,去毛刺。

7.检查,符合图纸及技术要求。

三、检测方法

1.用卡尺测量每个弯边尺寸是否符合图纸要求,满足技术条件 ±0.5 mm。

2.用半径规测量弯曲半径 R3 mm,符合公差 ±0.5 mm。

3.用角度尺测量弯曲角度,符合图纸 90°±30′。

4.用塞尺测量每个弯曲平面的平面度,要求间隙 <0.5 mm。

5.目测工件表面不得有压痕、锤痕、裂纹等。

6.样板检测零件外形,符合图纸要求。

四、安全操作技术及注意事项

1.操作时操作者站立姿势要稳定,掌握正确的放边操作方法。

2.成品木榔头的窄口较宽,不能满足使用要求,使用前,要将木榔头的窄口修窄,并在平台上用力打毛,以免在敲打过程中造成表面零件凸凹不平、榔头痕迹等缺陷。

3.夹在弓形夹上的型胎要牢固,防止敲打过程中型胎移动掉落,发生安全事故。

4.划弯折线时要用铅笔,避免划针刺入板料太深,弯折时产生裂纹。

5.操作中对木榔头要经常进行检查,不能有掉头现象。

6.操作者要有认真、仔细的学习态度。

【实施效果评价】

一、自检与评价

每位学生完成课题后,按照图纸和评分标准认真测量课件是否符合图纸要求,对不合格的尺寸做出自检标记。

二、质量分析

学生针对自己在加工中出现的质量问题做出原因分析及纠正措施,指导教师对全部学生的课件进行检测,并做好检测记录,对于学生普遍存在的操作方法、检测方法、技术安全等问题,分析产生的错误原因,提出纠正措施,避免类似的问题重复发生。

三、放边评分表

放边评分表见表4.3。

表4.3 放边评分表 （单位:mm）

放边技能操作评分表		图号		考号		总分		
		BJ4-1						
序号	考核要求	配分 T	评分标准			量具	检测结果	扣分
			$\leqslant T$	$>T,\leqslant 2T$	$>2T$			
1	$R100\pm 0.5$	10	10	5	0	样板		
2	$R70\pm 0.5$	40	40	20	0	样板		
3	20 ± 0.5	15	15	5	0	卡尺		
4	$R3\pm 0.5$(典型)	10	10	5	0	半径规		
5	$90°\pm 30'$	15	15	7	0	角度尺		
6	平面度<0.5	10	10	5	0	塞尺		
8	表面质量:无裂纹、夹伤、划伤、锤痕等,发现每处扣2分					目测		
9	技术安全与文明生产	违反有关规定扣总分5~10分				现场记录		
合计		100分						

检测: 年 月 日

【课后思考与练习】

1.什么叫放边? 常用的放边方法有哪几种?

2.简述放边常见质量故障产生原因和解决方法。

3.试分析J形零件(见图4.18)放边的操作过程,并完成此零件的成形。

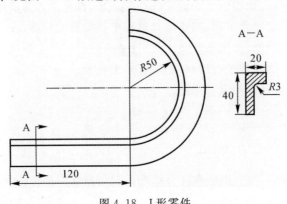

图4.18 J形零件

项目课题5 拔 缘

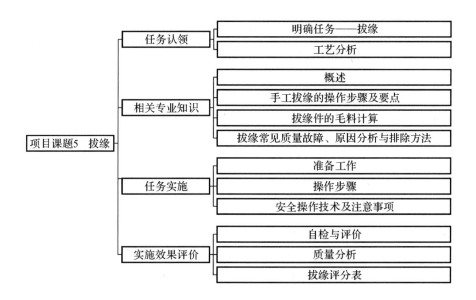

【任务引领】

一、明确任务——拔缘

1.在δ1.0 mm×200 mm×200 mm的铝合金材料上完成如图5.1所示的零件。

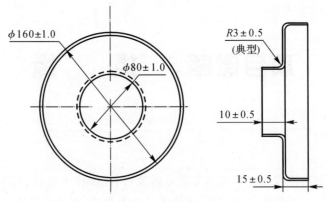

图 5.1　拔缘零件

2.技术要求。

(1)垂直度±30′。

(2)平面度≤0.5 mm。

(3)表面质量:表面无划痕、毛刺、压伤、裂纹等。

3.拔缘工量具清单见表5.1。

表 5.1　拔缘工量具清单

拔缘操作工量具清单			图号		材料规格		
			BJ5－1		δ1.0 mm×200 mm×200 mm		
			数量	1	材料牌号		2A12O
序号	名称	规格	数量	序号	名称	规格	数量
1	直口剪	10″	1	6	划针	/	1
2	曲口剪	6″	1	7	划规	/	1
3	钢板尺	0~300 mm	1	8	芯棒	φ40 mm	1
4	游标卡尺	0~150 mm	1	9	木榔头	φ40 mm	1
5	半径规	R1.0~6.0 mm	1	10	角度尺	320°	1

备注:钣金常用工具。

二、工艺分析

此零件为内外拔缘,要求成形采用无模具手工成形。

外拔缘:外拔缘是沿凸曲线对外形进行收边得到的弯边,成形过程中材料收缩增厚。成形难点是裂纹和折皱。

内拔缘:内拔缘是沿凹曲线或内孔进行放边得到的弯边,成形过程中材料伸展变薄。成形难点是防止弯边裂纹及变薄量的控制。

拔缘操作过程中受材质或拉应力所致,操作中经常在杯体中间或根部产生裂纹,如何预防控制裂纹的产生,是零件成形的重点和难点所在。

1.选择塑性较好的防锈铝或退火状态的铝合金材料。

2.成形前毛料边缘要用砂纸砂光,操作中如发现裂纹,要剪去裂纹砂光后再继续加工。

3.收放不均匀,边缘产生裂纹。改变操作方法,操作中要均匀转动毛料,随时调整零件锤击部位,避免材料厚度不均匀。

4.成形中要随时收平边缘波纹,否则易造成死皱或拉裂。

【相关专业知识】

一、概述

1.拔缘。拔缘是利用收边和放边的方法,将板料的边缘加工成曲线弯边零件。用拔缘法制出的部分零件如图 5.2 所示。

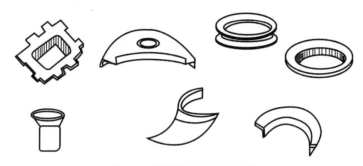

图 5.2　用拔缘法制出的零件

2.手工拔缘的工具。手工拔缘的工具除收边、放边工具外,还有不同形状的砧座、角顶和手打模,如图 5.3 所示。

3.分类。

(1)按加工方法分为手工拔缘和机器拔缘。

(2)按拔缘的对象分为以下三类。

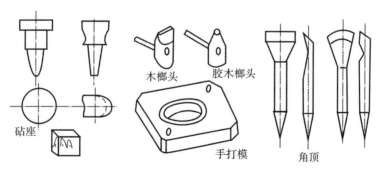

图 5.3　手工拔缘工具

1)内拔缘(也叫孔拔缘)。沿凹曲线或内孔进行放边,得到弯边,增加零件的刚性和减轻质量,如图 5.4(b)所示,例如孔翻边。

2)外拔缘。沿凸曲线对外形进行收边,得到弯边,增加零件的刚性,如图 5.4(a)所示,例如飞机的框板和肋骨类零件,一般是外拔缘。

3)管节拔缘。沿管口进行放边,得到弯边,增加管端的刚性和连接后的密封性,例如飞机的各类管件、导管等,管节拔缘已被机器扩口等工艺代替。

(3)按操作方法分为无模具拔缘(自由拔缘)和有模具拔缘。

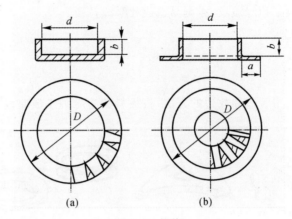

图 5.4　拔缘

(a)外拔缘；　(b)内拔缘

二、手工拔缘的操作步骤及要点

1.无模具外拔缘。

(1)操作步骤。

1)下毛料并修光边缘毛刺,划出拔缘宽度线,如图 5.5 所示。

2)将要拔缘的边在铁砧上敲出根部轮廓线,再敲出波纹或用折波钳做波纹,如图 5.6 所示。

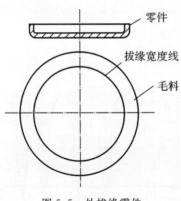

图 5.5　外拔缘零件

图 5.6　做波纹

3)再逐个平波纹使边缘收缩成凸弯边,然后划线去余料,如图 5.7 所示。

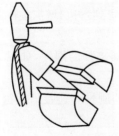

图 5.7　平波纹收缩

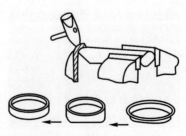

图 5.8　用木榔头做顶棒

（2）操作要点。

1）当弯边高度小于 10 mm 时，把毛料放在木榔头或铁棒上拔缘，可提高工效，如图 5.8 所示。

2）当弯边高度大于 10 mm 时，先在顶铁上按弯曲线敲出根部轮廓，如图 5.9 所示。

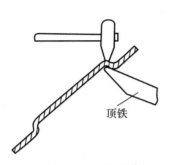

图 5.9   敲出根部轮廓

图 5.10   继续搂边

3）再用顶棒顶住弯边根部，向下搂边，收缩弯边，逐步增加弯边高度，用榔头锤击时要转动材料，使材料变形均匀，如图 5.10 所示。

4）最后修整弯边。如口部稍加收缩，可提高拔缘效果，如图 5.11 所示。

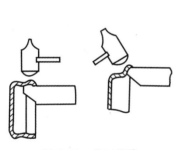

图 5.11   收口拔缘

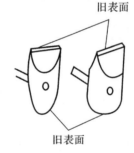

图 5.12   拔缘木榔头

5）拔缘时用旧的木榔头效果好，新的木榔头和胶木榔头易使材料加工硬化，效果不好，如图 5.13 所示。

2.无模具内拔缘。

（1）操作步骤。

1）计算展开尺寸，下毛料并砂光边缘，划出拔缘线，如图 5.13 所示。

2）用打薄方法成形内拔缘。如图 5.14（a）所示，先在有弯曲半径 R 的顶铁上用尖头或圆头木榔头制出拔缘根部；再如图 5.14（b）所示，调整毛料角度，用胶木榔头或铝榔头排开边缘达到拔缘高度。

3）拉薄伸展制内拔缘。先在厚橡皮板上或铅板上用榔头将内弯边拉薄，如图 5.15（a）所示；再如图 5.15（b）所示，在顶铁上制弯曲半径 R 修整弯边。

（2）操作要点。内拔缘是放边过程，成形难点是变薄量的控制及防止拉裂。

1）边缘毛刺一定要沿圆周方向砂光，如图 5.16 所示，拔缘中出现裂纹要及时排除。

2）当铝合金拔缘前、后的孔径之比 d/D 小于 0.8～0.85 时，一次拔缘有困难，应增加中间退火工序,或改用搂边的方法成形,如图 5.17 所示。

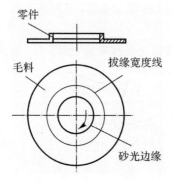

图 5.13　内拔缘零件、毛料

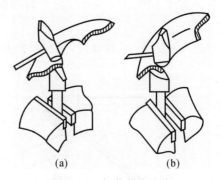

图 5.14　打薄制内拔缘

(a)制根部；　(b)制出弯边

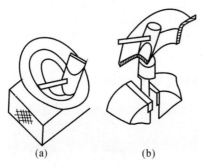

图 5.15　拉薄伸展

(a)拉薄；　(b)修整弯边

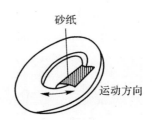

图 5.16　砂光边缘

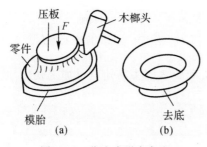

图 5.17　收边成形内弯边

(a)在模具上搂边；　(b)零件

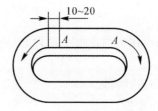

图 5.18　转移补充减少变薄

3)用转移补充材料的方法减少变薄,如图 5.18 所示的口字框,从 A 处开始拔缘成形弯曲半径 R,使直线部分材料向弯曲半径 R 弯边转移,最后弯曲直线部分。

3.按模具外拔缘。可用搂边收缩的方法拔缘(见图 5.19)。

4.按模具内拔缘。如图 5.20 所示零件为凹曲线拔缘零件,因边高拔缘成形易产生裂纹,但方法正确不仅可防止裂纹,还可减少变薄。

(1)操作步骤。

1)下料,去毛刺并砂光边缘。

2)将毛料按模具定位并夹紧,如图 5.21 所示。

图 5.19　按模具外拔缘

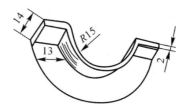

图 5.20　内拔缘零件

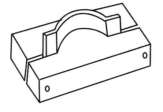

图 5.21　按模具弯曲

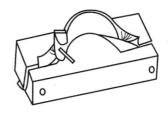

图 5.22　转角收边

3)先弯曲成形转角处,如图 5.22 所示。

4)再用尖榔头制半圆处弯边根部,如图 5.23 所示。

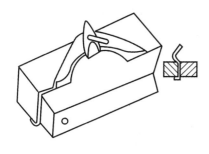

图 5.23　制半圆根部

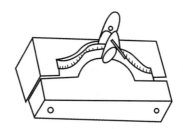

图 5.24　顶放弯边

5)顶放弯边,从两端向中间弯曲边缘(外缘制小弯边),如图 5.24 所示。

6)从两端向中间平皱并校平,如图 5.25 所示。

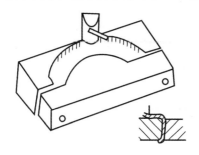

图 5.25　消除波纹、校平

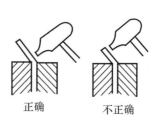

图 5.26　内拔缘操作

7)划线、剪切余料、去毛刺。

(2)操作要点。

1)敲打时不能打弯边外缘,否则易变薄拉裂,应从根部向外拔缘,如图5.26所示。

2)对大孔拔缘,经常在厚橡皮上放边拉薄再拔缘,如图5.27所示。

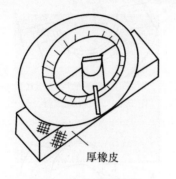

图5.27 拉薄再拔缘

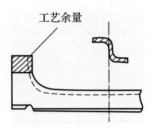

图5.28 放工艺余量

3)放工艺余量向凹弯边补充材料,减少变薄,防止端头材料变短,如图5.28所示。

4)在材料变形的极限范围内,可用合适的木榔头或模芯一次冲出,如图5.29所示。

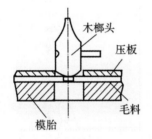

图5.29 用木榔头拔缘

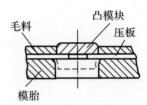

图5.30 用凸模块拔缘

5)对于较大的圆孔或椭圆孔进行拔缘,可用塑料板或精制层板制成凸模块进行拔缘,如图5.30所示。

6)对特殊形状的零件,例如腰形盒子(见图5.31),有内、外拔缘,应注意折波时小弯曲半径R处折波多,大弯曲半径R处折波少;拔缘时先收边,后放边,先收小弯曲半径R处,后放大弯曲半径R处。

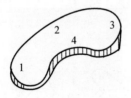

图5.31 复合拔缘

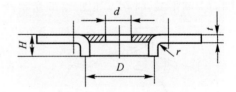

图5.32 计算毛料孔径的图形

三、拔缘件的毛料计算

1.内拔缘毛料内孔的计算(见图5.32)。

$$d = D - 2(H - 0.43r - 0.72t)$$

2.外拔缘毛料尺寸的计算(见图5.33)。

$$D_毛 = \sqrt{d^2 + 4dh}$$

3.平面腹板弯边件的计算。毛料展开一般可按弯曲件计算,即取毛料的尺寸等于中性层的长度,如图 5.34 所示。

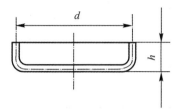

图 5.33 计算毛料外径的图形

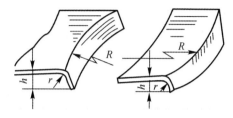

图 5.34 平面弯边件的几何尺寸

四、拔缘常见质量故障、原因分析与排除方法

拔缘常见质量故障、原因分析与排除方法见表 5.2。

表 5.2 拔缘常见质量故障、原因分析与排除方法

序 号	故障原因	原因分析	排除方法
1	根部顶伤	(1)顶铁不光 (2)顶铁选择不正确	(1)打光工作面 (2)正确使用顶铁
2	外形与样板不符	弯曲线位置不准确	划出弯折线随时用样板检查
3	角度偏大	(1)外拔缘收缩量不够 (2)内拔缘放边量不够	(1)增加收缩量 (2)增加放边量
4	榔头印痕	(1)捶击不均匀 (2)榔头使用不当	(1)均匀捶击 (2)正确使用收、放榔头
5	裂纹	(1)边缘不光 (2)捶击集中 (3)变形量过大 (4)加工硬化	(1)打光边缘,出现裂纹及时排除 (2)捶击要均匀 (3)改进操作方法 (4)增加中间退火工序

【任务实施】

一、准备工作

1.材料准备。

材料规格:$\delta 1.0$ mm×200 mm×200 mm;材料牌号:2A12O;数量:1件。

2.工艺装备。

游标卡尺(0～150 mm)、半径规、钢板尺(0～300 mm)、直口剪($10''$)、划针、木榔头、芯棒、橡皮拍板等钣金常用工具。

二、操作步骤

1.检查材料状态、规格、尺寸、表面质量(要求:无划伤、压痕、裂纹等)。

2.划线。划出零件外形及拔缘的宽度线。

该零件为内外拔缘件,操作方法分两个步骤,先进行外拔缘再内拔缘的成形方法。

3.成形方法

外拔缘的成形步骤:

（1）按外拔缘外形线下展开料，去毛刺并用砂纸砂光材料外缘。

（2）将要拔缘的边在芯棒上敲出根部轮廓线，弯曲半径 R 控制在靠近弯折边的 R 的下方，再用顶棒顶住弯边根部，向下搂边，搂边时均匀转动材料，在弯边上制出折皱，锤击点和锤击力要均匀，不能操之过急，否则可能使弯边产生裂纹。

（3）再逐个平波纹使边缘收缩成凸弯边。拔缘过程中，将杯口边缘向里稍加收缩，可提高拔缘效果，如图 5.11 所示。

（4）修整、划线去余量，去毛刺。

内拔缘的成形步骤：

（1）按内拔缘外形线下展开料，并用砂纸砂光材料边缘。

（2）用打薄方法成形内拔缘。先在有弯曲半径 R 的顶铁上制出拔缘根部，调整毛料角度，锤放拔缘边缘，使材料伸展变薄，逐渐达到弯边高度。

（3）修整、划线去余量，去毛刺。

4. 修整，校正。

5. 按图纸检查，符合图纸要求。

（1）用卡尺测量拔缘弯边尺寸是否符合图纸要求，满足技术条件 ±0.5 mm。

（2）用半径规测量弯曲半径 R3 mm，符合公差 ±0.5 mm。

（3）用角度尺测量弯曲角度，符合图纸 90°±30′。

（4）用钢板尺测量每个弯曲平面的平面度，要求间隙 <0.5 mm。

（5）目测零件表面不得有压痕、锤痕、裂纹等。

三、安全操作技术及注意事项

1. 操作时操作者站立姿势要稳定，掌握正确的拔缘操作方法。

2. 拔缘成形时，尽量使用毛榔头敲制，以免造成表面凸凹不平、材料变形不均等缺陷。

3. 夹在虎钳上的芯棒要夹紧并垫实，防止敲打成形中芯棒移位掉落。

4. 划弯折线时要用红、蓝铅笔，避免划针刺入板料太深，弯折时产生裂纹。

5. 操作中对使用的榔头要经常进行检查，不能有松动、掉头现象。

6. 拔缘时选用旧的木榔头效果好，新的木榔头和胶木榔头易使材料加工硬化，并影响表面质量。

7. 工作现场工量具按要求定制摆放，量具要轻拿轻放，使用完后要擦净放入量具盒内。

8. 工作现场保持干净、整洁，剪切的废料及多余物要随时清理，保持消防通道的畅通。

9. 正确使用防护用品，使用钻床设备不能戴手套，女工上岗要戴工作帽。

10. 加强质量意识，树立不断提高产品质量的思想。

11. 操作者要有认真、仔细的学习态度。

【实施效果评价】

一、自检与评价

每位学生完成课题后，按照图纸和评分标准认真测量课件是否符合图纸要求，对不合格的尺寸做出自检标记。

二、质量分析

学生针对自己在加工中出现的质量问题做出原因分析及纠正措施，指导教师对全部学生的课件进行检测,并做好检测记录,对于学生普遍存在的操作方法、检测方法、技术安全等问题,分析产生的错误原因,提出纠正措施,避免类似的问题重复发生。

三、拔缘评分表

拔缘评分表见表5.3。

表5.3　拔缘评分表　　　　　　　　　　　　（单位:mm）

拔缘技能操作评分表		配分 T	图号		考号	总分		
			BJ5-1					
序号	考核要求	配分 T	评分标准			量具	检测结果	扣分
			$\leq T$	$>T,\leq 2T$	$>2T$			
1	$\phi 160\pm 1.0$	20	20	10	0	卡尺		
2	$\phi 80\pm 1.0$	20	20	10	0	卡尺		
3	15 ± 0.5	10	10	5	0	卡尺		
4	10 ± 0.5	10	10	5	0	卡尺		
5	$R3\pm 0.5$（典型）	10	10	5	0	半径规		
6	$90°\pm 30'$	20	20	10	0	角度尺		
7	平面度≤ 0.5	10	10	5	0	钢板尺		
8	表面质量:无裂纹、夹伤、划伤、毛刺等,发现每处扣2分					目测		
9	技安与文明生产	违反有关规定扣总分5~10分				现场记录		
合　　计		100分						

检测:　　　　　　年　　月　　日

【课后思考与练习】

1.什么叫拔缘? 拔缘有哪几种? 简述拔缘常见质量故障产生原因和解决方法。

2.试分析如图5.36所示的方盒零件成形方法,并完成该零件的成形操作。

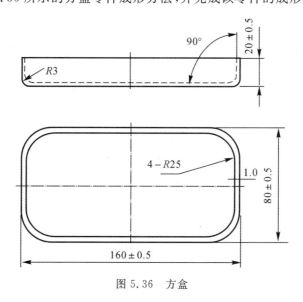

图5.36　方盒

项目课题6　拱　　曲

内容提示

项目课题6主要讲述拱曲任务实施工艺分析及材料、操作工量具、技术要求、相关专业知识;任务实施准备工作、操作步骤、安全操作技术及注意事项、实施效果评价等内容。

教学要求

(1)掌握拱曲及拱曲原理。

(2)掌握拱曲操作方法及操作要点。

(3)了解拱曲操作注意事项。

(4)掌握拱曲质量分析及预防措施。

内容框架图

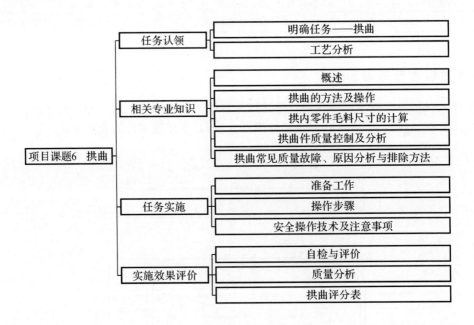

```
                    ┌─────────┐   ┌──────────────────────────────────┐
                    │ 任务认领 │───│         明确任务——拱曲          │
                    │         │   ├──────────────────────────────────┤
                    │         │   │            工艺分析              │
                    └─────────┘   └──────────────────────────────────┘
                    ┌─────────┐   ┌──────────────────────────────────┐
                    │         │   │             概述                 │
                    │         │   ├──────────────────────────────────┤
                    │         │   │        拱曲的方法及操作          │
                    │相关专业知识│   ├──────────────────────────────────┤
                    │         │   │      拱内零件毛料尺寸的计算       │
                    │         │   ├──────────────────────────────────┤
项目课题6 拱曲 ──────│         │   │      拱曲件质量控制及分析         │
                    │         │   ├──────────────────────────────────┤
                    │         │   │  拱曲常见质量故障、原因分析与排除方法 │
                    └─────────┘   └──────────────────────────────────┘
                    ┌─────────┐   ┌──────────────────────────────────┐
                    │         │   │            准备工作              │
                    │ 任务实施 │   ├──────────────────────────────────┤
                    │         │   │            操作步骤              │
                    │         │   ├──────────────────────────────────┤
                    │         │   │      安全操作技术及注意事项       │
                    └─────────┘   └──────────────────────────────────┘
                    ┌─────────┐   ┌──────────────────────────────────┐
                    │         │   │            自检与评价            │
                    │实施效果评价│   ├──────────────────────────────────┤
                    │         │   │            质量分析              │
                    │         │   ├──────────────────────────────────┤
                    │         │   │            拱曲评分表            │
                    └─────────┘   └──────────────────────────────────┘
```

【任务引领】

一、明确任务——拱曲

1. 在 $\delta 1.0$ mm×120 mm×120 mm 的铝合金材料上完成如图 6.1 所示的零件。

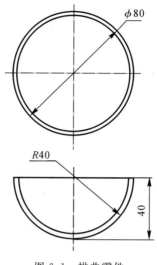

图 6.1　拱曲零件

2.技术要求。

(1)无模具手工成形。

(2)未注尺寸公差均为±0.5 mm。

(3)自制切面样板。

(4)拱曲面与切面样板间隙≤0.5 mm。

(5)表面光滑,无明显锤痕。

3.拱曲工量具清单见表6.1。

表 6.1　拱曲工量具清单

拱曲操作工量具清单			图号		材料规格		
			BJ6－1		δ1.0 mm×120 mm×120 mm		
			数量/件	1	材料牌号		2A12O
序号	名称	规格	数量/件	序号	名称	规格	数量/件
1	直口剪	10″	1	6	划针	/	1
2	游标卡尺	0～150 mm	1	7	木榔头	φ40 mm	1
3	钢板尺	0～300 mm	1	8	顶杆	/	1
4	划规	/	1	9	木砧	/	1
5	芯棒	/	1				

备注:钣金常用工具。

二、工艺分析

根据拱曲原理,拱曲的操作方法有用顶杆手工拱曲、在模胎手工拱曲和在砧座上手工拱曲。

分析图纸,该零件为深曲度球体件。成形这类零件要采用塑性较好的材料,成形方法一般采用在顶杆上用收缩和排展交错的方法进行。

在拱曲操作时,锤击力不易过大,锤击点要稠密。锤击零件中部时,要沿圆周转动进行,不能集中到一处锤击,防止中心毛料伸展过多而凸起。在顶杆上锤击时,锤击点的位置要稍过支点,不要打到实处,木榔头要握紧,防止打偏而产生严重锤痕。

【相关专业知识】

一、概述

1.拱曲。把板料用手工捶击的方法,制成凹凸曲面形状零件的操作称为拱曲。用拱曲制出的部分零件如图6.2所示。

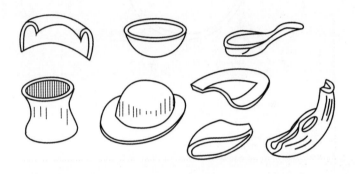

图 6.2 拱曲零件

2.原理。把板料周边起皱向里收缩,使中间展放向外拉,逐渐成为凸凹曲面的零件。例如制半球形(见图6.3),先使板料周边起皱向里收缩,然后在材料的中部加以捶击展放向外拉伸,这样反复进行,就可制成半球形。拱曲零件因边缘收缩变厚,底部受拉变薄,如图6.4所示。

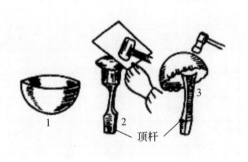

图 6.3 半球形零件的拱曲
1—零件; 2—皱缩; 3—伸展中部或修光

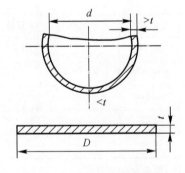

图 6.4 拱曲零件厚度变化

3.手工拱曲工具。如图6.5所示,手工拱曲工具有木榔头、金属榔头、手锤、顶杆和模具等。

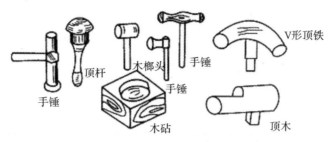

图 6.5 拱曲常用工具

二、拱曲的方法及操作

拱曲的方法有冷拱曲和热拱曲两种。

1.冷拱曲。冷拱曲的方法有三种:用顶杆手工拱曲、在模胎上手工拱曲和在砧座上手工拱曲。

(1)用顶杆手工拱曲。这种拱曲方法可拱曲深度较大的零件,在顶杆上用收缩和排展交错的方法进行。

操作步骤(见图 6.3):

1)首先把毛料的边缘做出折皱。

2)在顶杆上将边缘的皱褶打平,使边缘的毛料因收缩而向内弯曲。

3)随后用木锤轻而均匀地捶击中部,使中间的毛料伸展拱曲。

4)最后用平头锤在圆顶杆上把拱曲好的零件进行修光,再按要求划出零件边沿线,按线切割、去毛刺,继续后面的各工序。

操作要点:

1)捶击零件中部时要轻而均匀,且捶击位置要稍过支点,木捶要握紧,防止打偏而产生严重锤痕。

2)捶击时要不断旋转毛料,根据目视随时调整锤击部位,使零件表面光滑,并用切面样板控制拱曲程度。

3)不能集中到一处捶击,以免中部毛料伸展过多而凸起。

(2)在模胎上手工拱曲。这种拱曲方法可拱曲尺寸较大、深度较浅的零件。

操作步骤:

1)拱曲时,先将毛料压紧在模胎上,从边缘开始逐渐向中心部位捶击,如图 6.6 所示。图 6.6(a)(b)(c)是手锤由边缘逐渐向中心的拱曲过程;图 6.6(d)是利用橡皮伸展毛料。

2)最后用平头锤在顶杆上修光捶击的锤痕。

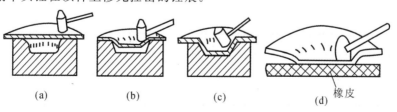

(a)　　　　(b)　　　　(c)　　　　(d)

图 6.6 在模胎上拱曲

(a)(b)(c)手锤由边缘逐渐向中心的拱曲过程;　(d)在橡皮上伸展

操作要点：

1）捶击要轻而均匀，分几次拱曲，使毛料逐渐向下凹，均匀伸展直到毛料全部贴模。

2）捶击过程中可在橡皮、软木、砂袋上辅助伸展毛料，如图6.6(d)所示。

3）达到所需形状后在顶杆上修光捶击的锤痕。

（3）在砧座上手工拱曲。拱曲砧座可用硬木、铅砧等做成不同尺寸的浅坑。拱曲手锤锤面有不同的尺寸，根据零件凹陷的大小和深浅选用，如图6.7所示。

操作步骤及要点：

1）先从毛料的外缘开始拱曲，如图6.8所示。

2）每锤一下即转动毛料，使圆周变形均匀，由外向内，逐渐进行，如图6.9所示。

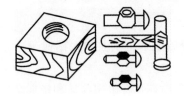  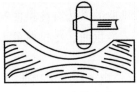

图6.7 砧座及拱曲锤 　　图6.8 从外缘开始 　　图6.9 由外向内

3）继续向中心进行，逐渐拱曲，直至完成所需深度，如图6.10所示。

4）把拱曲的零件放在球形砧座上，用榔头轻敲去除皱纹并修平整，如图6.11所示。

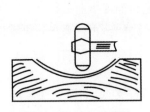 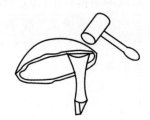

图6.10 向中心进行 　　　图6.11 去皱

2.热拱曲。

（1）热拱曲：通过加热使板料拱曲成形的方法称为热拱曲。

（2）应用：热拱曲主要用于厚板料的拱曲。

（3）原理：利用金属的热胀冷缩原理（有时再辅加外力）来进行拱曲（见图6.12）。

在毛料A处三角形abc加热后，因外冷，胀不出去，只能被压缩变厚。原三角形abc被收缩成a_1bc_1，故A处毛料经加热冷却而被收缩变厚，如果沿毛料对称而均匀地进行分区加热，便可收缩成拱曲零件（见图6.13）。

（4）操作要点。

1）若加热点多，点的范围大，则拱曲度也大。

2）加热温度根据材料确定，加热工具可用喷枪。

3）双曲度零件可先滚弯，按样板确定加热点，固定后，在压紧情况下进行加热拱曲，如图6.14所示。

4）用样板控制拱曲度，拱曲度不够要加热再收缩，但加热部位不应重复，同时热拱曲过程要配合手工修整。

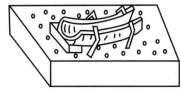

图 6.12　热拱曲原理　　　　　　图 6.13　热拱曲零件　　　　　图 6.14　压弯后热拱曲

三、拱曲零件毛料尺寸的计算

拱曲零件的毛料尺寸常采用计算法和实际比量法确定。

1.计算法。按表 6.2 中公式计算毛料尺寸为近似值,可根据需要再留一定余量。

表 6.2　拱曲零件毛料尺寸计算公式

序　号	图　例	毛料直径 $D_{毛}$
1	$R=\dfrac{d}{2}$　d	$D_{毛}=\sqrt{2d^2}=1.41d$
2	d_2　R　h	$D_{毛}=\sqrt{d_2^2+4h^2}$
3	C　R　h	$D_{毛}=\sqrt{C^2+4h^2}$
4	d　$R=\dfrac{d}{2}$　h	$D_{毛}=1.41\sqrt{d^2+2dh}$

2.实际比量法。用透明纸或塑料薄膜按实物或模具的形状压成皱褶包在实物或模胎上,沿边缘切割线剪下来,再将纸或塑料薄膜展开加余量即为毛料。

四、拱曲件质量控制及分析

1.原材料要求有好的延展性,在冷拱曲过程中如果产生加工硬化,要及时进行中间退火。

2.毛料余量不能太大,否则就难收缩。在拱曲前应先检查表面质量,有划伤的一面要朝内。

3.准备切面样板,检查拱曲形状。

4.在拱曲、收缩时,要恰当选择顶铁、榔头,否则会因效率低、加工硬化加剧而导致破裂。

5.厚薄控制要恰当。

五、拱曲常见质量故障、原因分析与排除方法

拱曲常见质量故障、原因分析与排除方法见表 6.3。

表 6.3 拱曲常见质量故障、原因分析与排除方法

序　号	故障内容	原因分析	排除方法
1	深度不够	(1)边缘收缩量不足 (2)中间未充分展开	(1)增加收缩量 (2)适当排放
2	榔头印痕	(1)捶击不均 (2)榔头使用不当 (3)榔头不光	(1)均匀捶击 (2)放料采用胶木榔头,收边采用木榔头 (3)砂光榔头工作面
3	底部拉裂	(1)展放量过大 (2)毛料表面有缺陷	(1)改进操作方法,展开要均匀 (2)选用合格材料
4	边缘裂纹	(1)死皱重叠 (2)加工硬化 (3)应力集中	(1)正确消皱,防止皱纹堆积 (2)增加中间退火 (3)随时修光边缘毛刺和微小裂纹

【任务实施】

一、准备工作

1.材料准备。

材料规格:$\delta 1.0$ mm×120 mm×120 mm;材料牌号:2A12O;数量:1件。

2.工艺装备

游标卡尺(0～150 mm)、钢板尺(0～300 mm)、直口剪(10″)、划针、木榔头、芯棒、顶杆、橡皮拍板等钣金常用工具。

二、操作步骤

1.检查材料状态、规格、尺寸、表面质量(要求:无划伤、压痕、裂纹等)。

2.计算毛料尺寸:

$$D=\sqrt{2d^2}=1.41d=1.41×80=112.8 \text{ mm}$$

按计算好的毛料尺寸 $D=112.8$ mm(约 113 mm)划线、剪切,去除边缘毛刺。

操作步骤:

(1)在毛料边缘敲出折皱。

(2)在顶杆上将皱褶敲平,使边缘的毛料因收缩而向内弯曲。

(3)用木榔头依次锤击零件中部,敲击点要均匀、稠密,不要打到实处,应稍超过支撑点,边敲边转动零件,使中间的毛料伸展拱曲。

(4)成形中要用切面样板控制拱曲程度,直到符合要求为止。因修光时要产生回向变形,一般拱曲度要大些。

(5)最后用平头榔头在半球形铁砧上修光零件表面。

(6)按图纸划线切割,修光边缘。

(7)检查尺寸。

1)用样板测量拱曲外形尺寸是否符合图纸要求,满足技术条件±0.5 mm。

2)卡尺测量端面尺寸,符合 $\phi80$ mm±0.5 mm 尺寸要求。

3)测量拱曲的平面度与样板间隙,要求间隙≤0.5 mm。

4)目测工件表面不得有压痕、锤痕、裂纹。

三、安全操作技术及注意事项

1.操作时操作者站立姿势要稳定,掌握正确的拱曲操作方法。

2.拱曲成形时,尽量使用毛榔头敲制,以免造成表面凹凸不平、材料变形不均等缺陷。

3.夹在虎钳上的顶棒要夹紧,防止敲打过程中顶棒移位掉落。

4.操作中对使用的榔头要经常进行检查,不能有裂纹、松动、掉头情况。

5.模具、平板等工具搬卸过程中要注意动作协调,放置平稳。

6.工作现场工量具按要求定制摆放,量具要轻拿轻放,使用完后要擦净放入量具盒内。

7.工作现场保持干净、整洁,符合定制管理要求,并及时将剪切的废料及多余物清理干净,保持消防通道畅通。

8.正确使用防护用品,使用钻床设备不能戴手套,女工上岗要戴工作帽。

9.加强质量意识,树立不断提高产品质量的思想。

10.操作者要有认真、仔细的学习态度。

【实施效果评价】

一、自检与评价

每位学生完成课题后,按照图纸和评分标准认真测量课件是否符合图纸要求,对不合格的尺寸做出自检标记。

二、质量分析

学生针对自己在加工中出现的质量问题做出原因分析及纠正措施,指导教师对全部学生的课件进行检测,并做好检测记录,对于学生普遍存在的操作方法、检测方法、技术安全等问题,分析产生的错误原因,提出纠正措施,避免类似的问题重复发生。

三、拱曲评分表

拱曲评分表见表6.4。

表 6.4　拱曲评分表　　　　　　　　　　　　（单位:mm）

拱曲技能操作评分表		图号		考号		总 分		
		BJ6-1						
序号	考核要求	配分 T	评分标准			量具	检测结果	扣分
			≤1.5T	>1.5T, ≤2T	>2T			
1	40±0.5	10	10	5	0	样板		
2	φ80±0.5	30	30	15	0	卡尺		
3	端面不平度-0.5	5	5	0	0	塞尺		
4	表面光滑、无明显锤痕	20	20	10	0	目测		
5	变薄量50%	5	3	2	0	目测		
6	自制切面样板、外形公差±0.5	10	10	0	0	卡尺		
7	与样板间隙≤0.5	20	1处扣3分,6处以上无分			目测		
8	技术安全与文明生产		违反有关规定扣总分5～10分			现场记录		
合计			100分					

检测:　　　　　年　　月　　日

【课后思考与练习】

1. 什么叫拱曲? 手工拱曲常用的工具有哪些?

2. 常用的拱曲方法有哪些? 简述拱曲常见质量故障产生原因和解决方法。

3. 试分析如图 6.15 所示零件的拱曲操作方法,并完成该零件的拱曲操作。

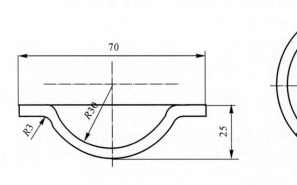

图 6.15　拱曲

项目课题 7 卷 边

内容提示

项目课题7主要讲述卷边任务实施工艺分析及材料、操作工量具、技术要求、相关专业知识;任务实施准备工作、操作步骤、安全操作技术及注意事项、实施效果评价等内容。

教学要求

(1)了解卷边用途及种类。

(2)掌握卷边展开尺寸的计算。

(3)掌握卷边的基本方法和操作要点。

(4)掌握卷边操作过程中常见的质量故障分析及排除方法。

内容框架图

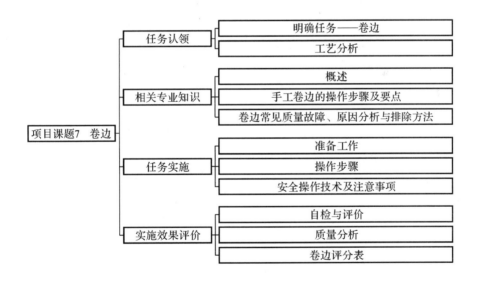

【任务引领】

一、明确任务——卷边

1.在δ1.0 mm×160 mm×60 mm 的铝合金材料上完成如图7.1所示的零件。

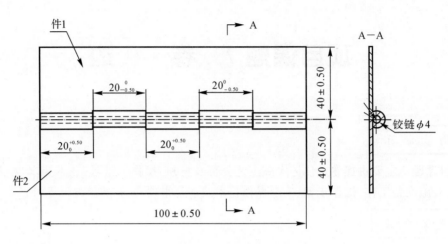

图 7.1　卷边零件

2.技术要求。

(1)手工成形。

(2)未注公差为±0.5 mm。

(3)间隙≤0.5 mm。

(4)表面质量:平整光滑,无明显压伤、锤痕等。

(5)铰链自由翻转。

3.卷边工量具清单见表 7.1。

表 7.1　卷边工量具清单

卷边操作工量具清单			图号		材料规格		
			BJ7 - 1		$\delta1.0$ mm×160 mm×60 mm		
			数量/件	2	材料牌号		2A12O
序号	名称	规格	数量/件	序号	名称	规格	数量/件
1	直口剪	10″	1	5	划针	/	1
2	夹丝	$\phi4.0$ mm	1	6	木榔头	$\phi40$ mm	1
3	钢板尺	0～300 mm	1				
4	游标卡尺	0～150 mm	1				

备注:钣金常用工具。

二、工艺分析

　　分析图纸,该零件为链条配合件。卷边时,锤击力度要控制得当,用力过大会导致卷边边缘的材料被敲扁和变形,产生卷边不圆,表面不光滑,加大手工修整量。因此,零件加工中要均匀锤击,控制好每一段卷边尺寸,并完全符合技术条件,才能保证件 1 与件 2 的配合间隙,满足链条的自由翻转。

【相关专业知识】

一、概述

1.卷边。为增加零件边缘的刚性和强度,把零件的边缘卷曲过来,这道工序称为卷边。

2.应用。卷边一般适用于 1.2 mm 以下的普通钢板、镀锌板,1.5 mm 以下的铝板和 0.8 mm以下的不锈钢板。飞机上整流罩、机罩,日常用的锅、盆、桶的边沿经过卷边起到增加强度和美观的作用。

3.分类。卷边分为夹丝卷边和空心卷边两种(见图 7.2)。

(1)夹丝卷边即是在卷过来的边内嵌入一根铁丝(铝丝),使边缘的刚性和强度更高。夹丝粗细根据零件的尺寸和受力情况来确定,夹丝直径一般为板料厚度的 3 倍以上。包卷铁丝的边缘,应不大于铁丝直径的 2.5 倍。

(2)空心卷边是卷边过程中嵌入金属丝,而在卷边结束后将金属丝抽拉出来。

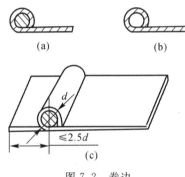

图 7.2　卷边

(a)夹丝卷边；　(b)空心卷边

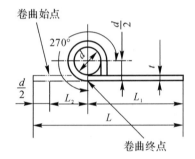

图 7.3　卷边展开尺寸的计算

4.曲线卷边。

(1)圆筒件卷边通常下好毛料,在平板状态下卷,然后再滚圆弯制成筒形。

(2)锥形圆筒件的展开料为扇形,一般卷边工序均放在制成筒状后进行。

曲线卷边与直线卷边不同,曲线卷边的被卷那部分的材料需放边。

5.卷边零件展开尺寸的确定。展开长度等于卷曲部分长度与直线部分长度之和(见图7.3)。其计算公式为

$$L = L_1 + \frac{d}{2} + L_2$$

式中　　L——卷边零件展开长度；

$L_1 + \dfrac{d}{2}$——直线段长度；

d——铁丝直径；

L_2——零件卷曲部分展开长度(卷曲 270°)。

卷曲部分展开尺寸为

$$L_2 = \frac{3}{4}\pi(d+t) = 2.35(d+t)$$

将 L_2 代入上式得

$$L = L_1 + \frac{d}{2} + 2.35(d + t)$$

式中　t——材料厚度。

注意：展开料宽度应与零件宽度一致。

6.卷边工具(见图7.4)。

二、手工卷边的操作步骤及要点

1.操作步骤。

(1)在毛料上划出两条卷边线(始、终线)(见图7.5(a))，并修光毛刺。有

$$L_1 = 2.5d$$

式中　d——铁丝直径。

$$L_2 = \left(\frac{1}{4} \sim \frac{1}{3}\right) L_1$$

(2)将毛料放在平台上(或方铁、轨道上)，使其露出平台的尺寸等于 L_2，左手压住毛料，右手用锤敲打露出平台部分的边缘，使料边向下弯曲85°～90°，如图7.5(b)所示。

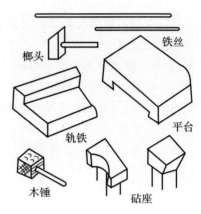

图7.4　卷边工具

(3)再将毛料向外伸并弯曲，直至平台边缘对准第二条卷边线为止，也就是使露出平台部分等于 L_1，并使第一次敲打的边缘靠上平台，如图7.5(c)(d)所示。

(4)将毛料翻转，使弯曲边朝上，轻而均匀地敲打弯曲边向里扣，使卷曲部分逐渐成圆弧形，如图7.5(e)所示。

(5)放入夹丝，先将两端扣合防止夹丝外跑，再从头至尾逐一扣合，完全扣合后再轻轻敲打卷边，使之包紧夹丝，如图7.5(f)所示。

(6)翻转零件，使接口靠在平台边缘上，轻轻敲打，使接口咬紧，如图7.5(g)所示。

手工空心卷边的操作过程和夹丝卷边的操作过程一样。但最后把铁丝抽出来，抽时把铁丝一端夹住，在旋转零件的同时向外拉出夹丝。

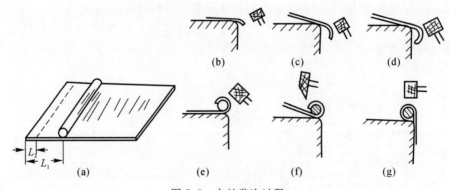

图7.5　夹丝卷边过程

2.操作要点。

(1)毛料展开长度要算准确，否则卷边尺寸不对无法修复。

（2）使用特种顶铁（如图 7.6 所示,图中是校正铰链的情况）校圆校直的效果好。

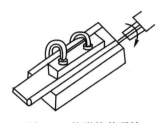

图 7.6　校形特种顶铁

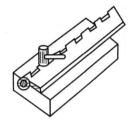

图 7.7　气钻取夹丝

（3）长的空心卷边零件,抽丝困难时,可在卷边前将夹丝表面涂油,取丝时将零件一头固定,用气钻夹紧夹丝,开动气钻向外抽出夹丝,如图 7.7 所示。

三、卷边常见质量故障、原因分析与排除方法

卷边常见质量故障、原因分析与排除方法见表 7.2。

表 7.2　卷边常见质量故障、原因分析与排除方法

序　号	故障内容	原因分析	排除方法
1	外形不对	卷边展开尺寸不正确	正确计算卷边展开长度
2	不圆滑	捶击不均匀	均匀捶击
3	卷边直径不对	（1）夹丝直径不正确	（1）正确选择夹丝直径
		（2）卷边始线和终线位置不对	（2）正确划出卷边始线和终线
4	压痕	（1）顶铁不光	（1）打光顶铁工作面
		（2）顶铁选择不当	（2）按卷边零件形状选择合适的顶铁

【任务实施】

一、准备工作

1.材料准备。

材料规格:$\delta 1.0$ mm×160 mm×60 mm;材料牌号:2A12O;数量:2件。

2.工艺装备。

游标卡尺（0～150 mm）、钢板尺（0～300 mm）、直口剪（10″）、划针、木榔头、顶铁、铁丝、橡皮拍板等钣金常用工具。

二、操作步骤

1.检查材料状态、规格、尺寸、表面质量（要求:无划伤、压痕、裂纹等）。

2.卷边计算。

卷边展开长度:

$$L = 40 + \frac{d}{2} + \frac{3}{4}\pi(d+t) = 40 + \frac{4}{2} + 2.35 \times (4+1) = 53.75 \text{ mm}$$

卷曲部分长度:

$$L_1 = \frac{d}{2} + \frac{3}{4}\pi(d+t) = \frac{4}{2} + 2.35 \times (4+1) = 13.775 \text{ mm（见图 7.8）}$$

$$L_2 = \frac{d}{2} = \frac{4}{2} = 2 \text{ mm （见图 7.8）}$$

3.根据计算数据在毛料宽度上量取卷边长度展开尺寸线 53.75 mm 和卷曲部分长度尺寸 13.775 mm,依据图纸量取卷边宽度线 $20_{-0.5}^{0}$ mm,$20_{0}^{+0.5}$ mm,注意尺寸公差要符合技术条件。并在毛料上划出卷边始线和终线,如图 7.8 所示。件 1:卷边为 2 个;件 2:卷边为 3 个。

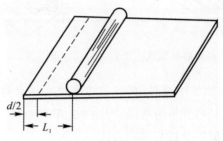

图 7.8　夹丝卷边过程

4.按线剪切并修光毛刺,注意卷边部分毛料根部要清根并锉修光滑,否则卷边时易产生裂纹。

5.卷曲成形。

(1)将毛料放在平台(或方铁、铁轨)上,并使卷边始线($d/2$)露出平台的边缘。左手压住毛料,右手敲打露出平台的那部分材料,使其向下弯曲成 85°~90°的小弯边,如图 7.9 所示。

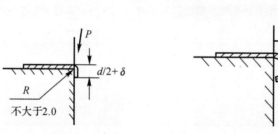

图 7.9　夹丝卷边过程 1　　　　图 7.10　夹丝卷边过程 2

(2)再将毛料逐次外伸并敲打弯曲,直至平台边缘对准卷边终线为止(即 L_1),并使第一次敲打的弯边边缘靠上平台,如图 7.10 所示。

(3)将毛料翻转,使毛料的弯边向上,继续轻而均匀地敲打弯边,使其卷曲向里扣,使卷曲部分逐渐成圆弧形,如图 7.11 所示。

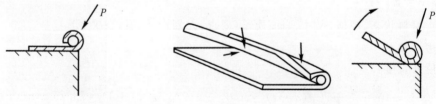

图 7.11　夹丝卷边过程 3　　　　图 7.12　夹丝卷边过程 4

(4)将夹丝放入卷曲部分,为防止夹丝弹出,先将一端扣合,然后放一段扣一段,逐一扣合,完全扣合后再轻轻敲打卷边,使之包紧钢丝,如图 7.12 所示。

(5)翻转零件,使卷边接合口靠在平台的边缘上,轻轻地敲打,使接口咬紧,卷边光滑间隙均匀,如图 7.13 所示。

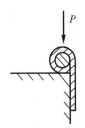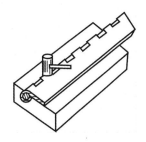

图 7.13 夹丝卷边过程 5　　　　图 7.14 夹丝卷边过程 6

(6)检查卷边是否圆滑、平直,在同一轴线上,如有误差,可将零件放在顶铁上,用木尖和榔头轻轻地修整,直到符合图纸要求,如图 7.14 所示。

6.修整卷边尺寸。将零件边向上夹在虎钳上(注意:钳口要用角材保护起来,以免夹伤零件),锉修卷边尺寸,直至符合公差要求。

7.配合。要求件 1 和件 2 配合间隙≤0.5,并能自由开合。件 2 加工方法与步骤与件 1 相同。

8.按图纸检查,符合技术要求。

三、安全操作技术及注意事项

1.操作时操作者站立姿势要稳定,掌握正确的卷边操作方法。

2.长的卷边零件,抽丝困难时可在卷边前将夹丝表面涂上油。

3.毛料的被卷边缘要锉修平直,光滑无毛刺,否则会影响卷边质量。

4.工作现场工量具按要求定制摆放,量具要轻拿轻放,使用完后要擦净放入量具盒内。

5.工作现场保持干净、整洁,剪切的废料及多余物要随时清理,保持消防通道的畅通。

6.操作中对使用的榔头要经常进行检查,不能有裂纹、松动、掉头情况。

7.正确使用防护用品,使用钻床设备不能戴手套,女工上岗要戴工作帽。

8.加强质量意识,树立不断提高产品质量的思想。

9.操作者要有认真、仔细、端正的学习态度。

【实施效果评价】

一、自检与评价

每位学生完成课题后,按照图纸和评分标准认真测量课件是否符合图纸要求,对不合格的尺寸做出自检标记。

二、质量分析

学生针对自己在加工中出现的质量问题做出原因分析及纠正措施,指导教师对全部学生的课件进行检测,并做好检测记录,对于学生普遍存在的操作方法、检测方法、技术安全等问题,分析产生的错误原因,提出纠正措施,避免类似的问题重复发生。

三、卷边评分表

卷边评分表见表 7.3。

表 7.3 卷边评分表 （单位:mm）

卷边技能操作评分表			图号	考号		总分		
			BJ7-1					
序号	考核要求	配分 T	评分标准			量具	检测结果	扣分
			$\leqslant T$	$>T, \leqslant 2T$	$>2T$			
1	$20_{-0.5}^{0}$(2处)	7×2	7/处	3/处	0	卡尺		
2	$20_{0}^{+0.5}$(3处)	7×3	7/处	3/处	0	卡尺		
3	100 ± 0.5	5	5	0	0	卡尺		
4	40 ± 0.5(2处)	10×2	10/处	5/处	0	卡尺		
5	$\phi 4.0 \pm 0.5$	15	15	6	0	卡尺		
6	铰缝$\leqslant 0.5$	10	10	0	0	卡尺		
7	铰链自由度	10	能自由翻转,不符合无分			目测		
8	平面度<0.5	5	5	0	0	塞尺		
9	表面质量:无裂纹、夹伤、划伤、锤痕等,发现每处扣2分					目测		
10	技术安全与文明生产	违反有关规定扣总分5~10分				现场记录		
合计		100分						

【课后思考与练习】

1. 什么叫卷边？卷边分为哪几种？卷边应用在什么地方？简述卷边常见质量故障产生原因和解决方法。

2. 试分析卷边零件的操作过程,并完成如图 7.15 所示零件的成形。

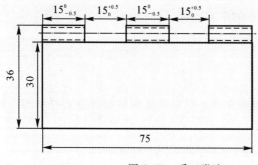

图 7.15 手工卷边

项目课题 8　咬　　缝

内容提示

项目课题 8 主要讲述咬缝任务实施工艺分析及材料、操作工量具、技术要求、相关专业知识;任务实施准备工作、操作步骤、安全操作技术及注意事项、实施效果评价等内容。

教学要求

(1)了解咬缝的种类及用途。

(2)掌握咬缝的操作过程。

(3)了解咬缝常见质量故障、原因分析与排除方法。

内容框架图

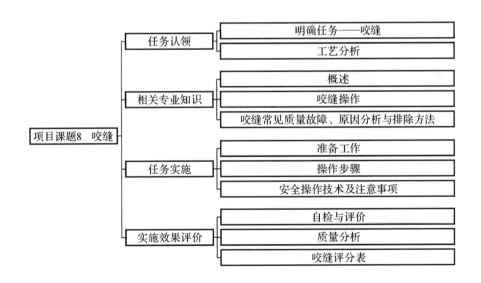

【任务引领】

一、明确任务——咬缝

1.在 δ1.0 mm×150 mm×80 mm 的铝合金材料上完成如图 8.1 所示的咬缝零件。

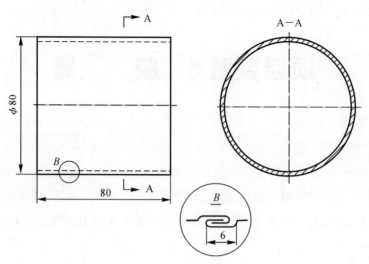

图 8.1 咬缝零件

2.技术要求。

(1)咬缝平整。

(2)未注尺寸公差为±0.5 mm。

(3)咬扣直线度为±0.5 mm。

(4)筒面光滑无明棱。

(5)表面质量:表面不得有划痕、压伤、裂纹、锤痕等。

3.咬缝工量具清单见表 8.1。

表 8.1 咬缝工量具清单

咬缝操作工量具清单			图号		BJ8-1	材料规格		δ1.0 mm×150 mm×80 mm
			数量/件		2	材料牌号		2A12O
序号	名称	规格	数量/件	序号	名称		规格	数量/件
1	直口剪	10″	1	5	轨铁		/	1
2	游标卡尺	0~150 mm	1	6	划针		/	1
3	钢板尺	0~300 mm	1	7	木榔头		φ40 mm	1
4	角铁	/	1	8	橡皮打板		/	1

备注:钣金常用工具。

二、工艺分析

分析图纸,该零件的咬缝连接形式为卧式单咬缝。卧式单咬缝是一种常用的咬扣形式,应用较广,操作中要注意以下方面:

1.尺寸控制。在下零件毛料时要根据咬缝形式留出咬缝余量,否则会造成零件尺寸变小,造成废品。

2.咬缝牢靠程度。咬缝时不宜用力敲打弯边的根部,否则弯边因回弹而张开不能扣紧。

3.咬缝线不平,出现波浪。咬扣时,先将两端和中间咬合死,再咬合其他部位,这样便于限位或在整体咬扣时不易脱扣,保证咬扣质量。

4.该零件咬缝是把两块材料折弯扣合,咬缝位置互相对称,弯制弯边时要注意弯折方向。

【相关专业知识】

一、概述

1.咬缝。把两块材料的边缘(或一块板料的两边)折弯扣合,并彼此压紧,这种连接叫作咬缝。咬缝连接很牢固,在许多地方用来代替钎焊。

2.咬缝的形式及用途见表 8.2。

表 8.2　咬缝的形式及用途

序　号	种　　类	结　　构	特点及应用范围
1	立式单咬缝		用于屋顶铁瓦及多节弯头对接,结合强度不高
2	立式双咬缝		用于刚度大且牢靠处,咬缝较困难
3	卧式单咬缝		既有一定强度,又很平滑,应用较广,如盆、桶、水壶等
4	卧式双咬缝		强度高、牢靠,如屋顶水槽
5	角式咬缝		用于角形的连接处,具有较大的连接强度,如壶、桶底部连接
6	匹兹堡咬缝		外表面平整、光滑,刚性好,适用于矩形弯管和各种罩壳结构连接

3.咬缝工具。手工咬缝使用的工具有手锤、弯嘴钳、拍板、角钢、轨铁等(见图 8.2)。

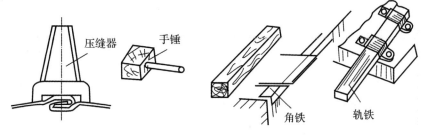

图 8.2　咬缝工具

二、咬缝操作

1.咬缝余量。咬缝毛料要根据咬缝形式留适当余量,否则不能保证咬缝零件的尺寸。余量按表 8.3 所示留取,每层的具体宽度尺寸根据图纸要求确定。

表 8.3 咬缝余量分配

咬缝形式	咬缝层数	留余量层数	余量分配/层	
			第一个边	第二个边
立式单咬缝	3	3	2	1
立式双咬缝	5	5	3	2
卧式单咬缝	4	3	2	1
卧式双咬缝	6	5	3	2

注:咬缝余量＝咬缝宽度×留余量层数。

2.操作方法及要点。

(1)图 8.3 所示为卧式单咬缝过程。

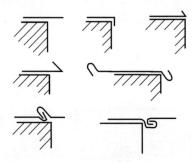

图 8.3 卧式单咬缝

1)在板料上划出扣缝的弯折线。

2)把板料放在角钢或轨铁上,按弯折线把板料边折成 90°。

3)翻转板料,使弯边朝上继续将边向里折成 30°。

4)将板料伸出咬缝宽度,将板料拍打到与角钢或轨铁约成 45°。

5)将咬口拍打至与板料的间隙稍大于材料厚度,这样就完成了一边咬口的制作。

6)用同样的方法弯折另一边,注意弯折方向。

7)两边弯折好之后,扣起来对正。

8)用锤或拍板在角钢或轨铁上敲打压合,可先将两端和中部咬合死,再咬合其他部位。

(2)其他咬缝过程如图 8.4～图 8.8 所示。

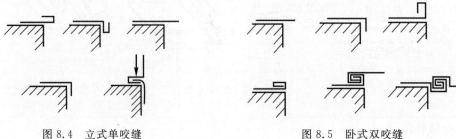

图 8.4 立式单咬缝   图 8.5 卧式双咬缝

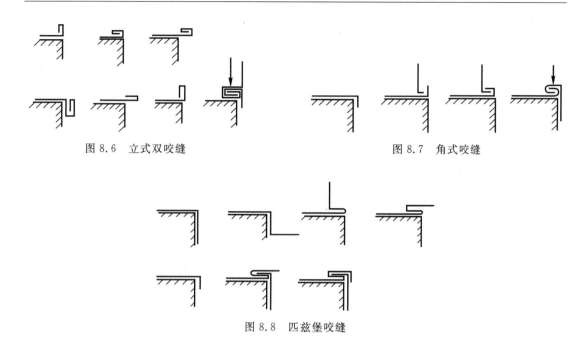

图 8.6　立式双咬缝　　　　　　　　　　　图 8.7　角式咬缝

图 8.8　匹兹堡咬缝

三、咬缝常见质量故障、原因分析与排除方法

咬缝常见质量故障、原因分析与排除方法见表 8.4。

表 8.4　咬缝常见质量故障、原因分析与排除方法

序　号	故障内容	原因分析	排除方法
1	外形不对	(1)展开料尺寸不准确 (2)咬缝余量不准确	(1)正确计算展开尺寸 (2)按咬缝宽度和形式留放余量
2	咬缝不平整	捶击不均匀	均匀捶击
3	咬缝不牢靠	(1)操作顺序不当 (2)咬缝未压紧	(1)按咬缝操作过程操作 (2)用榔头或压缝器将咬缝压紧
4	咬缝位置不对	(1)展开料对接处位置不对 (2)两边咬缝余量分配不对	(1)正确画展开图和下展开料 (2)按咬缝形式正确分配两边余量

【任务实施】

一、准备工作

1.材料准备。

材料规格:δ1.0 mm×150 mm×80 mm;材料牌号:2A12O;数量:2件。

2.工艺装备。

游标卡尺(0～150 mm)、钢板尺(0～300 mm)、直口剪(10″)、角铁、轨铁、划针、木榔头、橡皮拍板等钣金常用工具。

二、操作步骤

1. 检查材料状态、规格、尺寸、表面质量(要求:无划伤、压痕、裂纹等)。

2. 计算展开尺寸。咬扣毛料的确定,是在计算好的展开尺寸上另外留出 3 倍于单扣缝的余量,如图 8.9 所示。

两边共留咬缝余量:

$$L = 6 \times 3 \text{ mm} = 18 \text{ mm}$$

毛料长度尺寸:

$$C = \pi \frac{d}{2} + L = (3.14 \times 80 \div 2 + 18) \text{ mm} = 143.6 \text{ mm}$$

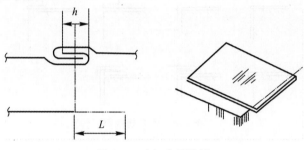

图 8.9　咬扣余量计算

3. 划线下料。根据图纸和计算在毛料上制出展开料,尺寸满足 143.6 mm×80 mm。

4. 在板料上划出扣缝的弯折线 6 mm。

5. 把板料放在角铁或规铁上,按弯折线弯制成 90° 的弯边,弯边高度等于弯边宽度($h = 6 \text{ mm}$),如图 8.10 所示。弯制时,应先将板料的两端弯成足以能限位的弯边,然后再通长弯制,可选用木打板进行操作。

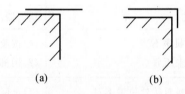

(a)　　　　　　(b)

图 8.10　咬缝过程 1

6. 将已弯制好的弯边翻转向上,再进一步使弯边继续向里弯折 30°,形状如图 8.11 所示。要注意保持弯边边缘平直,不得出现大的波浪,并保持略大于一个料的间隙,以便进行下一个工序的操作。

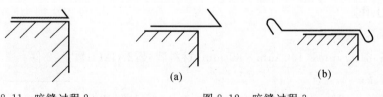

(a)　　　　　　　　　(b)

图 8.11　咬缝过程 2　　　　　图 8.12　咬缝过程 3

7. 将已成形好的弯边向外伸出一个咬扣的宽度($h = 6 \text{ mm}$),仍然用木打板施加一个侧向力,将板料拍打到与角钢或规铁约成 45°角,如图 8.12 所示形状,这样,就完成了一个咬口的弯制。该弯边的作用:一是便于下一步咬扣,使两弯边不易滑出;二是咬扣完毕后能使两个平面平整美观,并不易泄漏。

8.用同样方法弯折另一边咬口,弯折中要注意弯折方向,形状如图 8.12 所示。

9.咬扣。将两弯边拍打扣上,使板料的间隙稍大于材料厚度,完成一边咬扣的制作,如图 8.13 所示。

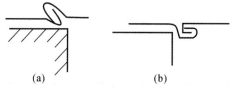

(a)　　　　　　　　　(b)

图 8.13　咬缝过程 4

10.弯制圆筒。将毛料在芯棒上弯制成圆筒,要求筒面光滑,无锤痕。弯制时选用毛面旧木榔头。

11.制筒后用同样的方法弯制扣合另一边咬缝。弯折另一边,注意弯折方向。

12.两边扣合好后修整圆筒的圆度,保证符合图纸要求。

13.按图纸检查。

(1)观察扣缝是否光滑、均匀、平整,无明显硬棱。

(2)用游标卡尺检测圆筒尺寸,确定符合图纸尺寸 $\phi 80\text{ mm} \times 80\text{ mm} \pm 0.5\text{ mm}$。

(3)目测咬扣平直度,满足公差 $\pm 0.5\text{ mm}$。

(4)目测咬缝间隙均匀,公差 $\leqslant 0.5\text{ mm}$。

(5)目测零件表面无划伤、压痕、锤痕等缺陷。

三、安全操作技术及注意事项

1.工作现场工量具按要求定制摆放,量具要轻拿轻放,使用完后要擦净放入量具盒内。

2.工作现场保持干净、整洁,剪切的废料要随时清理。

3.画弯折线时要用铅笔,避免划针刺入板料太深,弯折时产生裂纹。

4.操作者要有认真、仔细的学习态度。

【实施效果评价】

一、自检与评价

每位学生完成课题后,按照图纸和评分标准认真测量课件是否符合图纸要求,对不合格的尺寸做出自检标记。

二、质量分析

学生针对自己在加工中出现的质量问题做出原因分析及纠正措施,指导教师对全部学生的课件进行检测,并做好检测记录,对于学生普遍存在的操作方法、检测方法、技术安全等问题,分析产生的错误原因,提出纠正措施,避免类似的问题重复发生。

三、咬缝评分表

咬缝评分表见表 8.5。

表 8.5 咬缝评分表 （单位:mm）

咬缝技能操作评分表		评分表	图号 BJ8-1	考号	总分		
序号	考核要求	配分 T	评分标准			量具	检测结果	扣分
			$\leqslant T$	$>T,\leqslant 2T$	$>2T$			
1	$\phi 80\pm0.5$	20	20	0	0	卡尺		
2	80 ± 0.5	10	10	0	0	卡尺		
3	6 ± 0.5(两处)	20	20	0	0	卡尺		
4	直线度±0.5	20	20	0	0	目测		
5	筒面光滑无明棱	30	30	0	0	目测		
6	表面质量:无裂纹、夹伤、划伤、锤痕等,发现每处扣2分					目测		
7	技术安全与文明生产	违反有关规定扣总分5~10分				现场记录		
合计		100分						

检测: 年 月 日

【课后思考与练习】

1. 什么叫咬缝? 咬缝分为哪几种? 咬缝的应用特点是什么? 简述咬缝常见质量故障产生原因和解决方法。

2. 试分析卧式单咬缝的操作方法,并完成如图 8.14 所示零件的咬缝成形。

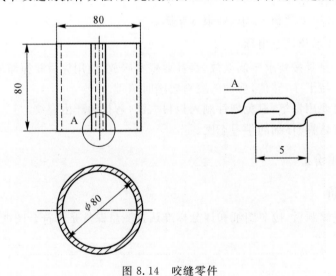

图 8.14 咬缝零件

项目课题 9 校   正

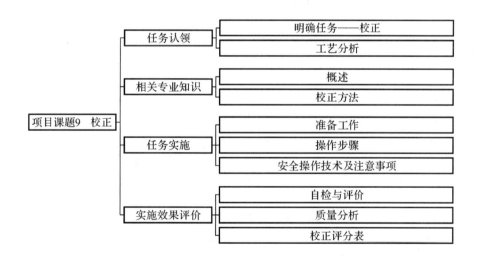

【任务引领】

一、明确任务——校正

1.在 δ1.0 mm×320 mm×260 mm 的铝合金材料上完成如图 9.1 所示的零件。

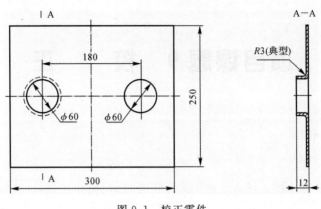

图 9.1　校正零件

2.技术要求

(1)无载贴合度≤0.5 mm。

(2)未注长度公差为±0.5 mm。

(3)角度公差为±30′。

(4)表面无手感痕迹。

(5)表面质量:无锤痕、划伤、压痕等缺陷。

3.校正工量具清单见表9.1。

表 9.1　校正工量具清单

校正操作工量具清单			图号		材料规格		
			BJ9-1		δ1.0 mm×320 mm×260 mm		
			数量/件	1	材料牌号		2A12O
序号	名称	规格	数量/件	序号	名称	规格	数量/件
1	直口剪	10″	1	7	铝榔头	/	1
2	曲口剪	8″	1	8	划针	/	1
3	钢板尺	0~300 mm		9	划规	/	1
4	游标卡尺	0~150 mm	1	10	芯棒	φ40 mm	1
5	半径规	R1.0~6.0 mm	1	11	橡皮板	/	1
6	木榔头	φ30 mm,φ40 mm	各1	12	胶木榔头	/	1

备注:钣金常用工具。

二、工艺分析

通过图纸分析,本课题的任务是在平板毛料上完成开孔和孔(内)拔缘,并要求在淬火时效期内完成该零件的校正。零件在加工方法上是采用打薄成形完成孔(内)拔缘,掌握校平方法是该课题的重要学习内容。校平方法原则上采取板料周边紧中间鼓动时,放四周;边缘松放中间。因此,正确判断材料松或紧的症结所在,是校平前和校平过程中很重要的一个环节。特别是经过淬火后的板料表面与周边形成无规律的波浪,对这种变形,应在材料的软化状态下先用橡皮板拍打,收缩鼓动部分,然后在平台上找出鼓动所在,再应用校平基本方法,中间鼓,放四周,四周松,放中间,使材料达到新的平衡,完成校平工作。

另外,零件校平难度的大小除了与材料的机械性能、材料厚度有关外,还与材料开口的形状和大小有关,因此,在平板上面开孔,只要符合工艺要求和操作要求,均可在热处理校平后开出,如校平前开孔,材料在校平时纤维被分割,使材料失去牵制,增加校平难度,这对校平不利。另外,热处理前开孔会造成孔边缘变形大。如果认为零件材料越少对校平越有利,那是错误的。

【相关专业知识】

一、概述

1. 校正。消除不需要的变形,达到要求形状的操作称为校正。

2. 校正工作的必要性。在加工过程中,由于外力去掉后产生的回弹变形、材料相互牵制引起的变形、热处理产生的变形、原材料本身不规矩产生的变形等,校正工作很难避免此类变形,为保证零件形状尺寸符合使用及装配要求,校正工作是必不可少的。

3. 校正应做到准确判断变形部位、合理选常用工具、掌握操作要领。

4. 校正常用工具及设备。校正常用工具如图 9.2 所示。校正用设备有收缩机、空气式点击锤、雅高机、油压床等。

二、校正方法

由于钣金零件的形状复杂,品种繁多,加工过程中产生的变形也是多种多样的,因此任何形式的校平,操作者无论是在操作前还是操作中,都要根据材料的状态、症结选择正确的校平工具,确定敲击点、敲击范围和锤击力量。任何盲目的胡乱敲打,除了耗时耗力外,还会导致零件变形加剧,甚至报废。因此,正确判断零件的变形形式和校平方法都是飞机钣金工很难掌握的最基本的操作技能。校平方法原则上可以这样说,在板料周边紧中间鼓动时,放四周;边缘松时放中间。

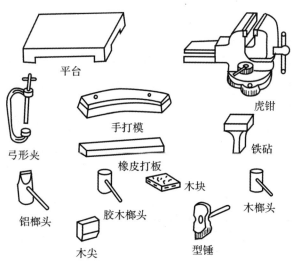

图 9.2　校正常用工具

以典型结构零件为例说明校正方法。

1. 平板零件校正。平板零件常见的变形为中间鼓动和周边松动两种。

(1)消除中间鼓动。

1)平板件中间鼓动的原因是中间松四周紧。

2)消除中间鼓动的方法是使中间的料收缩,使周边的料伸展。

具体操作方法如下:

a.判断变形部位。一般不易看出,检查平板零件是否有鼓动,可用双手反复掰动,松动处就会有响声,要沿零件几个方向反复检查,就能准确地找到松动处,同时也能发现板料较紧部位。

b.合理选常用工具。对于铝合金零件可用铝榔头、胶木榔头或橡皮打板进行校正。

c.如图9.3所示,先用橡皮条抽打整个板面并使橡皮条盖过鼓动区,使鼓动收缩,边缘放松。

d.再用榔头由内向外捶放鼓动四周(按图9.4中箭头方向),越往外捶击点越密且要均匀,如图9.4所示。

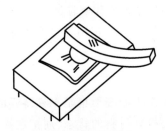
图9.3 橡皮条抽收

图9.4 捶放四周

(2)消除周边松动。

1)周边松动产生原因是中间紧周边松。

2)消除周边松动的方法是使中间的料伸展,周边的料收缩。

具体操作方法如下:

a.判断变形部位。周边松动呈波浪式,中间贴平台。

b.合理选常用工具。对于铝合金零件可用铝榔头、胶木榔头或橡皮打板进行校正。

c.将松动侧起小弯[见图9.5(a)],再把板翻过来在平台上用橡皮打板拍打收缩边缘[见图9.5(b)]。

d.如图9.6所示,用榔头由外向内捶放,捶击点越往内越密且要均匀。

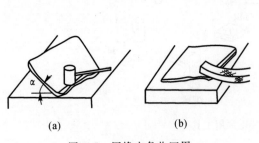
(a) (b)
图9.5 用橡皮条收四周

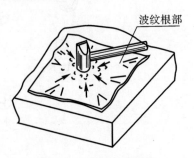
波纹根部
图9.6 由外向内捶放

注意:

1)孔周边松动:用橡皮抽打孔的四周,使材料排开达到校正要求,松动严重处可放在橡皮垫上收缩。

2)加强孔周边"发紧":将零件弯边朝下放在模具上或弯边朝上在平台上捶放孔的四周,其他部分用橡皮板抽打。

2.其他零件的校正。

(1)带孔板件的校正。带平孔的平板,其孔周边易松动。带加强孔(减轻加强孔、加强窝、加强肋)的孔周边在淬火后"发紧"。

1)消除平孔周边松动。如图 9.7 所示,用橡皮打板抽打孔四周,使材料收缩并校平。孔周边松动严重时,可放在平台上距孔边缘 10~20 mm 处用胶木榔头或铝榔头由内向外捶放,捶击点内疏外密(见图 9.8)。

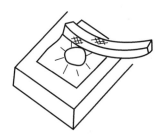
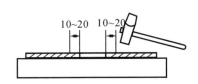

图 9.7　橡皮打板收孔四周　　　　图 9.8　消除孔周松动

2)消除加强孔周边"发紧"。在加强孔的圆周外缘 R 切点外侧 5~15 mm 处,用胶木榔头或金属榔头敲击孔周围,捶击点内密外疏(见图 9.9)。其他部分用橡皮打板抽打校平。

(2)直板条的校正。常见的变形有扭曲、弯曲、不平。

1)校扭。如图 9.10 所示,一头夹在虎钳上,另一头用扳手夹住板料朝扭曲反方向扭转校正。

2)校平。在平台上检查并校正凸起处。

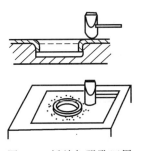

图 9.9　捶放加强孔四周　　　　　　图 9.10　校扭

3)校弯。把零件靠紧直尺,确定弯曲部位[见图 9.11(a)],将凹边展放使其伸直[见图 9.11(b)]。

(3)单弯边件的校正。常见的变形有扭曲、外凸、反凹、不平、角度不对等。

1)校扭。零件刚性小时用手扭正,刚性较大时可夹在虎钳上用扳手扭正(见图 9.12)。

2)校外凸。如图 9.13 所示,将底面凹边放开,从弯曲最严重处开始,同时配合修平底面。

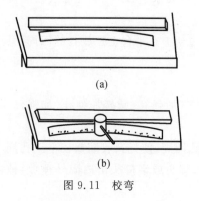

图 9.11　校弯

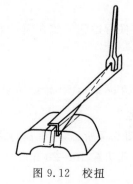

图 9.12　校扭

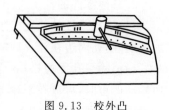

图 9.13　校外凸

3)校反凹。如图 9.14 所示,对零件纵向反凹可用规铁加垫,木尖校正,木尖角度比零件角度小半度,弯曲半径 R 与零件一致。也可在收缩机上收凸边,然后敲平收边处两面。

4)校角度。角度偏大时(见图 9.15),用木尖校弯曲半径 R;角度偏小时(见图 9.16),在顶铁上敲击弯曲半径 R 使零件角度增大。

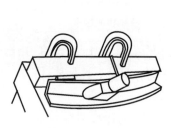

图 9.14　校反凹

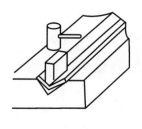

图 9.15　校正偏大角度

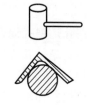

图 9.16　校正偏小角度

5)校平。弯边收缩过多或展放过多会引起弯边不平。应先检查弯曲半径 R 与平台的贴合度。若中间空[见图 9.17(a)],弯边处收缩不够,应收 A 处边缘;若两端空,中间贴合[见图 9.17(b)],表明弯边处展放不够,应展放 A 处边缘。

(4)蒙皮零件的校正。蒙皮零件的表面质量一般要求很高,除划伤等缺陷有规定外,不应留有明显的加工痕迹,否则影响表面质量。蒙皮表面不光,有皱纹、扭曲、鼓动时,一般用硬木榔头、铝榔头平皱,用橡皮打板抽打。

校正用的榔头、平台都要光滑,校正时尽可能用硬木榔头。当用铝榔头时,可涂油进行捶击,使平台与零件表面、锤头与零件表面都有一层油,来保护零件表面,基本消除锤痕、印记等。

对于较厚的单曲度蒙皮,当有小的凸起或边缘有波浪不直时,可垫以硬橡皮来校正。双曲度蒙皮,一般都用滚轮来放辗"紧"的部位(见图 9.18),仅在区域很小或无法滚辗时才用锤击。

滚辗时所使用的滚轮,如图 9.19 所示。一般上滚轮是平的,下滚轮则须根据所滚辗的零件确定,当零件曲度较大或须往里卷时,应使用尖滚轮;当零件曲度较小或往外张时,应使用平滚轮。一般在伸展量大或材料较硬的情况下,滚轮应压得轻些。在靠近滚辗区的周围,也应进行适当的轻度滚辗,以便消除滚辗部位对周围的影响。对于带孔的零件,孔的周围应尽量不滚或少滚,否则容易"松"动。如果变形大,最好在校正以后再开孔。

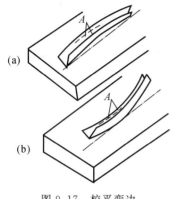

图 9.17 校平弯边

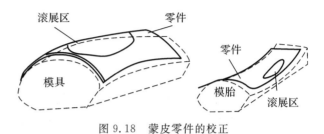

图 9.18 蒙皮零件的校正

（5）框板外形的校正。框板是指具有内凹外凸的弯边零件。框板件校正的内容主要有弯曲度、腹板不平、扭曲及弯边角度等。

1）校正弯曲度。当弯曲度偏大时（见图9.20），展放凹弯边腹板面，捶击点不超过腹板面 1/2 宽度；当弯曲度偏小时（见图9.21），展放凸弯边腹板面，捶击点不超过腹板面 1/2 宽度。

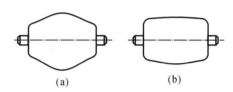

图 9.19 滚辗用的下滚轮

（a）尖滚轮； （b）平滚轮

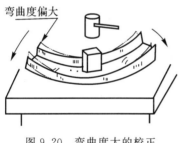

图 9.20 弯曲度大的校正

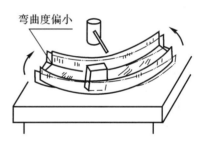

图 9.21 弯曲度小的校正

2）校正腹板面不平及扭曲。腹板中间悬空造成不平的校正（见图9.22），收缩悬空处的弯边。腹板端头翘起造成不平的校正（见图9.23），展放不平处的弯边。

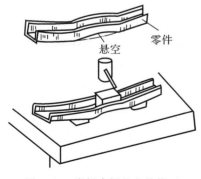

图 9.22 腹板中间悬空的校正

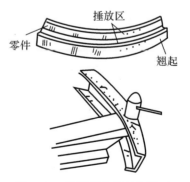

图 9.23 腹板端头翘起的校正

3）校正弯边角度。如图 9.24 所示，要在弯边处用木榔头收边或放边校正。

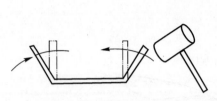

图9.24　校正弯边角度　　　　　　　图9.25　校正腹板翘曲

(6)环状件的校正。环状件变形有淬火后腹板平面翘曲、弯边角度不对等。

1)校正腹板平面翘曲。在平台上检查翘曲情况,将贴合处置于平台边缘,两手将起翘处压平(见图9.25),并在平台上校平腹板面。

2)校正弯边角度。对于外缘弯边角度偏大,采用收边校正角度;对于孔弯边角度偏大,采用放边校正角度。

(7)大型框板件的校正(见图9.26)。常见的变形有零件淬火后缺口的弯边放松扩张,加强窝、减轻孔收缩拉紧,平孔周边松动,翻边孔周"发紧",平面扭曲,凹弯边曲度变大等。

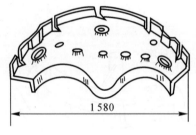

图9.26　大型框板　　　　　　　　图9.27　橡皮打板抽打

常用的校正方法如下:

1)将淬火后零件放在模具上,先用橡皮打板抽打至大致贴模(见图9.27)。

2)用胶木榔头放松加强窝、减轻孔、翻边孔周边根部(见图9.28)。

图9.28　放松弯边孔周　　　　　　　图9.29　压展弯边孔周反面

3)将零件反面用铝块或胶木块捶展加强窝、减轻孔、翻边孔根部的周围(见图9.29)。

4)再用橡皮打板均匀抽打腹板至平整,如有鼓动、扭曲可按平板件校正方法排除(见图9.30)。

5)均匀捶放凹弯边腹板面,使材料放松直到符合外形尺寸(见图9.31)。

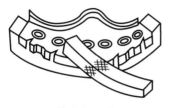

图 9.30 橡皮打板抽校腹板面

图 9.31 捶放凹弯边

(8)加强件淬火后的校正(见图 9.32)。常见的变形有淬火后凹弯边曲率加大,外形扭转,下陷上翘或下垂,使下陷区不平行等。

常用的校正方法有以下几种:

1)校正扭曲。将零件夹在虎钳上用扳手扭校。

2)校正下陷。如图 9.33 所示,下陷端下垂是因为下陷区弯边收缩不够,可在收缩机上收缩至符合要求。上翘是收缩过多,将下陷区弯边放边至符合要求。

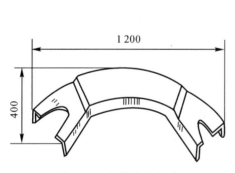

图 9.32 加强件的变形

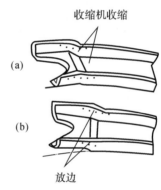

图 9.33 校正下陷

3)腹板面校平。将腹板面放在平台上,如中间顶两端翘,在轨铁上展放弯边,并校对角度(见图 9.34)。如中间空两端顶,用胶木块靠紧弯边弯曲圆角 R 处向下捶打,校平板面(见图 9.35),也可在收缩机上收缩弯边边缘至符合要求。

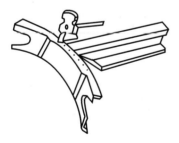

图 9.34 捶放弯边

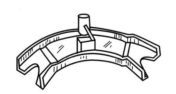

图 9.35 校正内弯曲

(9)Γ 形件的校正(见图 9.36)。常见的变形有成形后 B 面产生拱曲,A 面弯角偏大等。

常用的校正 B 面拱曲有以下两种方法:

1)加热校正。把零件夹紧在手打模内,在 A 面加热至合理温度,用榔头收缩 A 面到贴模为止,使 B 面贴模,如图9.37所示。

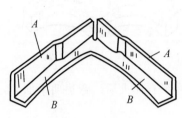

图9.36　Γ形零件

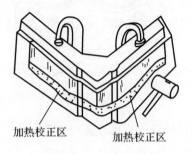

图9.37　加热校正拱形

2)冷校。用特制槽形块和两块10～15 mm厚的垫块,按图9.38所示收缩 A 面,使 B 面达到平直要求,校正角度如图9.39所示。

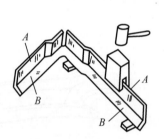

图9.38　冷校拱形

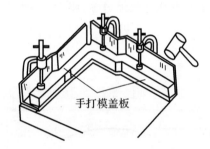

图9.39　校正弯角

(10)挤压型材零件的校正。这类零件厚度厚,窄而长,两边的根部所形成的外角是尖角,内角是圆角,校正的劳动强度很大。

型材零件校正的内容也是曲度、扭转和弯边角度。一般来说,零件角度的校正较困难。型材角度的校正如图9.40所示。

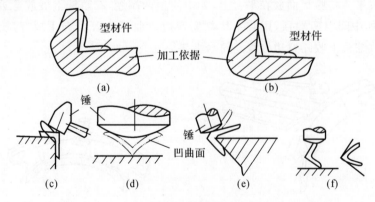

图9.40　角度的校正

(a)型材角度小；　(b)型材角度大；　(c)正确加角操作；

(d)不正确加角操作；　(e)正确减角操作；　(f)不正确减角操作

【任务实施】

一、准备工作

1.材料准备。

材料规格:δ1.0 mm×250 mm×250 mm;材料牌号:2A12O 新淬火后;数量:1件。

2.工艺装备。

游标卡尺(0～300 mm)、钢板尺(0～300 mm)、直口剪(10″)、划针、划规、木榔头、铝榔头、胶木榔头、橡皮拍板、钣金常用工具。

二、操作步骤

1.检查材料状态、规格、表面质量(要求:毛料表面无划伤、压痕、裂纹等)。

2.划线去余量。根据图纸以零件外形 300 mm×250 mm 为对称中心,划零件外形线 300 mm×250 mm,确定 $\phi60$ mm 圆的中心线并划出孔拔缘弯边线 $\phi40$ mm,并按剪切线开出内孔 $\phi40$ mm,去除毛刺并用砂纸修光内孔边缘。

3.孔(内)拔缘。孔(内)拔缘是放边过程。先在有 R 的顶铁或芯棒上用尖头木榔头制出拔缘根部,然后制弯边。制弯边时零件要握稳,调整好毛料角度,弯边与顶铁表面要保持水平,锤击点要外密内疏,锤痕要均匀,不能锤击 R 根部,否则在放边过程中零件变形较大易产生裂纹。在操作中要经常用样板检查外形,符合要求后要进行修正和校正。

4.划线去余量。

按图纸划出 12 mm 的弯边高度线,剪切去余量,去毛刺,按图纸检查,符合尺寸要求。

5.热处理:淬火。

6.校正。

(1)初校。零件经过淬火后,板料周边形成波纹或产生扭动。这时,不能盲目地胡敲乱打,应先将零件放在平台上用橡皮板反复拍打,经过拍打的零件,部分鼓动会被收缩,波浪变形减少,零件板面逐渐趋于平整。

(2)精校。将拍打过的零件放在平台上,用双手轻压,可能会发现以下问题:

1)孔周围收缩拉紧。消除孔周"发紧"现象,要用胶木榔头或铝榔头锤放孔的四周,锤击点要均匀且内密外疏,使孔周的材料伸展放松。操作时,锤击点要落在 R 切点 5 mm 以外,锤击力视变形情况而定。

2)周边"扭动"(波浪)。消除边缘松动要由波纹的根部向里敲打,锤击点要均匀且越往中间越密,锤击力由轻到重,锤击位置是与平台接触的那部分材料,使板料中间材料伸展,周边收缩,消除周边松动。注意:不可敲击波纹边缘(零件边缘),零件边缘必要时可轻而疏地点几下。

3)中间"鼓动"。"鼓动"是指零件板面上隆起的"鼓包"。鼓动是由于材料纤维伸长而形成的,检查零件是否有鼓动,可用双手反复辫动,松动处会有"叽叽"响声。消除鼓动,可选用胶木榔头或铝榔头敲击鼓包周围的与平台贴合的那部分材料,逐渐向边缘一圈一圈地锤击,锤击点由疏渐密,力量由小到大,反复进行,直到板料完全校平。

以上校平操作应在两个面上交替进行,切记,敲要敲到实处,拍要拍到虚处。零件越接近校平时,越要谨慎,不能操之过急,尽量减少敲击面积。如果敲击时间过长,会使材料变硬,有可能导致零件报废。

4)在校平过程中,零件板面与平台因摩擦而呈现出黑色印记或擦伤的局部小包,应随时将小包隆起处朝上放在铅板或硬橡皮上,用榔头敲击鼓起的小包,迫使材料压缩,然后再在它的四周用铝锤轻点,使材料纤维伸长,形状稳定,切忌在平台上敲,否则越敲越鼓,有可能因小包而引起大面积的复校。

7.检查零件平面度,达到技术要求。

8.修整零件外形尺寸,符合尺寸要求。

9.检查并测量平孔 ϕ60 mm 尺寸线,保证平孔与拔缘孔的间距,满足图纸和技术要求。

10.按线加工平孔 ϕ60 mm,锉修孔边缘,符合公差要求。

11.校正。由于进行手工剪切制孔,会使零件产生新的扭曲、鼓动、松动等变形。消除这些新变形,可先用木榔头消除制孔时的剪切变形,再用橡皮板抽打整个板面,然后用双手轻压零件,认真观察,判断材料变形形式及所在位置,逐一排除,直至完全校平。此时的操作要慎之又慎,错误的判断会导致变形加剧,耗时耗力,甚至会报废零件,因此要慎重。

12. 按图纸检查,保证符合图纸和技术要求。

(1)用卡尺测量拔缘弯边尺寸是否符合图纸要求,满足技术条件±0.5 mm。

(2)用半径规测量弯曲半径 R3 mm,符合公差±0.5 mm。

(3)用角度尺测量弯边角度,符合图纸 90°±30′。

(4)用卡尺测量开孔尺寸是否符合图纸要求,满足技术条件±0.5 mm。

(5)用塞尺测量零件平面与平台的接触面,要求间隙<0.5 mm。

(6)钢板尺检测零件外形,符合图纸要求。

(7)目测工件表面不得有压痕、锤痕、裂纹等痕迹。

三、安全操作技术及注意事项

1.操作时操作者站立姿势要稳定,掌握正确的钣金操作方法。

2.校平时,榔头表面要光滑,以免造成零件表面凸凹不平、锤痕等缺陷。

3.操作中对榔头要经常进行检查,不能有掉头现象。

4.划弯折线时要用铅笔,避免划针刺入板料太深,弯折时产生裂纹。

5.工作现场工量具按要求定制摆放,量具要轻拿轻放,使用完后要擦净放入量具盒内。

6.工作现场保持干净、整洁,剪切的废料要随时清理。

7.操作者要有认真、仔细的学习态度。

【实施效果评价】

一、自检与评价

每位学生完成课题后,按照图纸和评分标准认真测量课件是否符合图纸要求,对不合格的尺寸做出自检标记。

二、质量分析

学生针对自己在加工中出现的质量问题做出原因分析及纠正措施,指导教师对全部学生的课件进行检测,并做好检测记录,对于学生普遍存在的操作方法、检测方法、技术安全等问题,分析产生的错误原因,提出纠正措施,避免类似的问题重复发生。

三、校正评分表

校正评分表见表 9.2。

表 9.2　校正评分表　　　　（单位:mm）

校正技能操作评分表			图号	考号		总分		
			BJ9-1					
序号	考核要求	配分 T	评分标准			量具	检测结果	扣分
			$T\leqslant$	$>T,\leqslant 2T$	$>2T,\leqslant 3T$			
1	300 ± 0.5	5	5	0	0	卡尺		
2	250 ± 0.5	5	5	0	0	卡尺		
	180 ± 0.5	10	10	5	0	卡尺		
	$\phi60\pm0.5$(平孔)	8	8	0	0	卡尺		
	$\phi60\pm0.5$	15	15	8	0	卡尺		
3	$90°\pm30'$	10	10	5	0	角度尺		
4	12 ± 0.5	9	9	4	0	卡尺		
5	$R3\pm0.5$(典型)	8	8	0	0	半径规		
7	平面度<0.5	30	1 处扣 5 分,6 处以上无分			塞尺		
8	表面质量:无裂纹、夹伤、划伤、锤痕等,发现每处扣 2 分		目测					
9	技术安全与文明生产		违反有关规定扣总分 5～10 分			现场记录		
合计			100 分					

检测:　　　　年　　月　　日

【课后思考与练习】

1. 什么是校正? 校正工作的必要性是什么?

2. 校正的操作要点有哪些?

3. 平板零件中间鼓动、周边松动的校正方法是什么?

4. 试分析平板零件的变形方式,并完成如图 9.41 所示零件的校正。

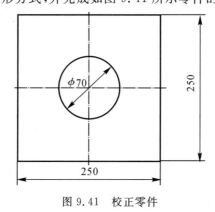

图 9.41　校正零件

项目课题 10 雅高机成形

内容提示

项目课题 10 主要讲述校正任务实施工艺分析及材料、操作工量具、技术要求、相关专业知识;任务实施准备工作、操作步骤、安全操作技术及注意事项、实施效果评价等内容。

教学要求

(1)了解雅高机的成形原理和特点。

(2)掌握雅高机操作方法及要点。

(3)掌握雅高机操作过程中易出现的问题与解决方法。

内容框架图

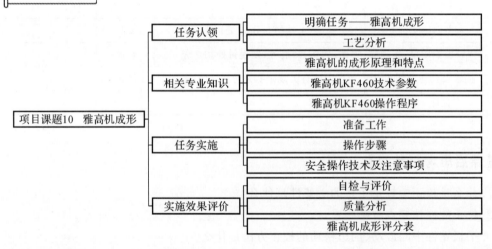

【任务引领】

一、明确任务——雅高机成形

1.将铝合金板料 δ300 mm×40 mm×1.0 mm 制成 20 mm×20 mm×300 mm 板制角材,将角材成形为如图 10.1 所示的零件。

2.技术要求。

(1)外形公差为±0.5 mm;

(2)角度公差为±30′;

(3)贴合间隙≤0.2 mm;

(4)表面质量:要求无明显痕迹。

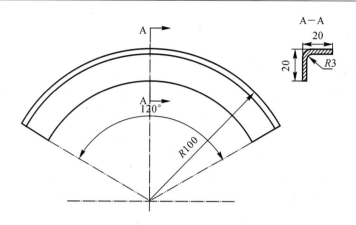

图 10.1　雅高机成形零件

3.雅高机成形工量具清单见表 10.1。

表 10.1　雅高机成形工量具清单

雅高机成形操作工量具清单			图号		材料规格		
			BJ10-1		δ1.0 mm×300 mm×40 mm		
			数量/件	1	材料牌号		2A12O
序号	名称	规格	数量/件	序号	名称	规格	数量/件
1	直口剪	10″	1	5	轨铁	/	1
2	游标卡尺	0~150 mm	1	6	划针	/	1
3	钢板尺	0~300 mm	1	7	木榔头	φ40 mm	1
4	角铁	/	1	8	橡皮打板	/	1

备注:钣金常用工具。

二、工艺分析

该零件属典型收边零件。成形难度取决于零件收边的弯边高度和零件的曲率大小,成形方法分手工成形和机械成形。

1.手工成形。

(1)折波钳收边法。此方法成形难度大,外形和角度不易保证,收边处易产生裂纹,表面质量不高。

(2)用模具手工收边。此方法成形的零件外形和角度易保证,但零件表面锤痕较多,表面质量无法保证。

2.机械成形。机械成形方法有多种,此零件加工仅用雅高机成形法。

用雅高机成形该零件,劳动强度明显降低,劳动效率明显提高,并且收边表面光滑,但是成形中零件的外形和角度不易保证,要求要有一定的设备成形经验。

练习该零件是为了掌握雅高机和样板的正确使用方法,以及如何控制成形中材料产生的变形和应力,最终达到图纸的要求。

【相关专业知识】

一、雅高机的成形原理和特点

雅高机成形原理很简单,它利用模具通过雅高机对成形部位施加外力,根据模具的不同来控制力的方向,从而使加工部分达到预期的要求。雅高机的模具种类很多,常用的有压缩、压延、矫平、锤平等,对于型材的加工压缩、压延模具最为常用。

雅高机是通过逐步成形达到设计形状的,校形精度高、准确可靠。不仅可对钣金零件边缘进行无余量收缩、放边校形,还可对钣金件弯边及角度进行校形,以及消除大腹板零件的中间鼓动变形。在收缩、放料加工和对蒙皮的校形、收放加工中起到其他校形设备无法替代的作用。带有金属颚板(钢质)的模具用于普通成形,带非金属颚板(合成材料)的模具用于材料表面的无损成形。该设备的模具种类很多,可以解决绝大多数的钣金零件的加工校形问题。每种模具可完成多种工作,形成一个钣金柔性制造系统。在1.5~6.0 mm加工厚度范围内通过对机器灵敏的压力调节,可以进行精确校形。对于较小的零件,可用手动成形机HF80CH加工。这种手动成形机是可移动式的,可以根据环境的需要随时搬动。雅高机机床结构合理,操作空间大,可加工零件大小不受机床的限制。模具可快速更换、操作方便、工作效率高。雅高机用脚踏板操纵,冲头行程仅8 mm,且冲压频率高,操作安全方便。

二、雅高机 KF460 技术参数

工作电压:		380 V
最大加工厚度:	不锈钢2.0 mm	铝6.0 mm
开口深度:	水平460 mm	垂直475 mm
冲头可调节高度:		60 mm
冲头行程:		8 mm
主电机功率:		2.4 kW/3.0 kW
每分钟冲压次数:		300/600
机床尺寸(长×宽×高):		1 360 mm×650 mm×1 943 mm
机床净重:		1 200 kg
操作方法:		通过脚踏操纵施加压力

三、雅高机 KF460 操作程序

1.模具的选择。KF460设备有多种模具,选择合适的模具对零件的加工至关重要,直接影响到加工效率、加工质量和模具寿命。KF460主要模具的型号、规格、加工范围等见表10.2,可用于加工过程的模具选择。同时应注意以下几点:

(1)根据被加工零件的外形来选取模具的型号 FWA,LFA,KSL 为收边模具;FWR,LFR,SW 为放边模具;FWK62T 为收放合用,适用于既有收边又有放边的零件,成形时无须更换模具;LFS60S,RW－WT－T 为校直和校平用的模具。对于 VAS4 和 ASD 模具是成形及维修模具时的辅助工具。

(2)被加工零件的材料厚度应在模具的加工范围内。

(3)被加工零件的材料宽度应大于模具宽度的1/2,材料宽度为模具的2/3时,成形效果最好。

（4）当被加工零件的材料截面为槽形或其他不规范形状时,需选用尖嘴形模具以避开材料对成形的影响。

（5）根据零件材料和零件表面质量的要求选用金属或非金属颚板的模具。非金属颚板的模具对零件表面无压伤,表面质量好,多用于质量要求高的飞机零件。而金属颚板的模具成形范围大,效率高,但表面有压痕,适用于普通零件以及成形材料厚度为正差,成形后经打磨可满足要求的零件。

（6）对于成形后进行修正的零件或成形弧度小的零件,且材料较薄、较小的零件,可选用雅高手动成形机 HF80C。其成形原理与 KF460 相同,由手动驱动,操作简单,易于控制成形质量。模具的选用原则与 KF460 相同。表 10.2 列出 HF80CH 的主要模具。

表 10.2　主要模具

序　号	型　号	数量/件	规　格	铝合金材料厚度	备　注
1	FWA602S	1	ϕ60 mm	0.5～2.0 mm	压缩(收)、金属
2	FWA802/3T	1	ϕ80 mm	1.0～3.0 mm	压缩(收)、金属
3	FWR603S	1	ϕ60 mm	0.5～2.0 mm	压延(放)、金属
4	FWR803/3T	1	ϕ80 mm	1.0～3.0 mm	压延(放)、金属
5	LFA70S	1	40 mm×70 mm	0.5～2.0 mm	压缩(收)、非金属
6	LFA70 S/D/U	1			与 LFA70S 配合使用
7	LFA90S	1	55 mm×90 mm	0.5～2.0 mm	压缩(收)、非金属
8	LFA90 S/D/U	1			与 LFA90S 配合使用
9	LFA1505T	1	80 mm×150 mm	1.5～6.0 mm	压缩(收)、非金属
10	LFA1505T/D/U	1			与 LFA1505T 配合使用
11	LFA150T	1	80 mm×150 mm	0.5～2.5 mm	压缩(收)、非金属
12	LFA150T/D/U	1			与 LFA150T 配合使用
13	LFR90S	1	55 mm×90 mm	0.5～2.0 mm	压延(放)、非金属
14	LFR1508T	1	80 mm×150 mm	1.5～6.0 mm	压延(放)、非金属
15	LFS60S	1	ϕ60 mm	0.5～2.0 mm	校平、非金属
16	KSL60S	2	尖嘴	0.5～1.5 mm	压延(放)、非金属
17	SW2S	1	尖嘴	0.5～2.0 mm	压延(放)、金属
18	SW4T	1	尖嘴	2.0～4.0 mm	压延(放)、金属

续表

序　号	型　号	数量/件	规　格	铝合金材料厚度	备　注
19	FWK62T	1		0.5～2.0 mm	收边、放边合用
20	RW－WT－T	1	80 mm×150 mm	0.5～12 mm	校直
21	VAS　4	1			调停
22	ASD　1	1			拆装用打孔器
23	ASD　2	1			拆装用打孔器
24	ASD　3	5			拆装用打孔器
25	FWA405　SSP	1	ϕ40 mm	0.5～2.0 mm	压缩(收)、金属
26	FWR407　SSP	1	ϕ40 mm	0.5～2.0 mm	压延(放)、金属
27	HFL70　SSP	2	40 mm,70 mm	0.5～1.75 mm	压缩(收)、非金属
28	HS40　SSP	1	尖嘴	0.5～2.0 mm	压缩(收)、金属
29	HLA60　SSP	2	尖嘴	0.5～1.5 mm	压缩(收)、金属
30	HLR60　SSP	2	尖嘴	0.5～1.5 mm	压延(放)、金属
31	ASW42　SSP	1		0.5～2.0 mm	切边

2.操作方法。雅高机的主要结构如图 3.8 所示。操作面板、脚踏开关、主开关、模具盒、机械控制盒是操作工人常用的部分。

(1)安装。

1)脚踏板的连接:把脚踏板的插头插入壳体后下方的插口上。

2)成形模具的安装和拆卸。

a.只有在压头稳定时才能安装或更换模具。

b.在成形机的固定夹紧器的两边插入标准成形模具,用模具更换键使锁扣固定。

c.在较小的模具(标记"S")用磁铁和 T/S 中的球固定,较大的模具(标记"T")安装在快速变换转接器上,用模具更换键固定锁扣。

(2)启动。

1)打开主开关,操作板上的指示灯亮。

2)检查功能。

a.检查脚踏板功能:交替踏左脚和右脚踏板,压头自身上下运动。

b.检查操作板上启动按钮的功能:分别检查 300 次/min,600 次/min 的控制开关,无论要达到高速度(600 次/min)或从较高速度停止,都必须逐级转换。例如从要达到 600 次/min 速度到停止的正确转换操作为 0－300 次/min－600 次/min－300 次/min－0。在转换过程中,每一步转换过程之间必须有 2~3 s 的间隙。

c. 检查操作板上停止按钮功能：分别检查停止按钮和紧急停止按钮。

(3)操作。

1)操作前准备：应将设备、模具及零件上的油污清理干净，以免影响成形效果和设备安全。

2)压头的调整。

a. 成形机的压头行程为 8 mm，在开始操作期间为了避免机床的阻塞及压头失控，在工具接触面之间必须留 10 mm+δ(材料厚度)的最小间隙。

b. 压头的调整范围为 60 mm，通过调整压头可以得到不同的压力。为了得到合适的压力应从低到高逐步加压，以避免一次施压过高。

c. 用脚踏板控制齿轮电动机，压头上下运动，用机械控制盘来控制压头行程大小，可避免失误。

d. 机械控制盘上有精调、粗调两种，可利用游标、标尺、刻度盘进行先粗后精的调整，直到得到合适的压力。刻度盘的数值(0~60 mm)为压头的行程，扭动粗调器游标跟随转动，游标所对应的数值为压头下行行程，压头移动时，刻度盘随之转动，最终标尺与游标对应，压头不再下行。这样可以避免一次加压过高。

e. 当压头下降到与零件接触时，应精调来精确调整压力，一旦压力调整好即可确定下来，对于相同零件无须再调整。

3)压头的自动提升。

a. 可将压头设置为自动提升，当工作完成时不需用左脚踏板升起压头，而是抬起右脚踏板，压头将自动提升到所设置位置。

b. 压头自动提升设置：先将控制面板上的选择器开关旋转到 1，再将控制面板上的电位计调整到一个较小的位置(4 s 的压头路径大约为 6 mm)

c. 在压头自动设置时，压右脚踏板达到预定的位置后，应继续压右脚踏板，因压头位置已经调好不会继续加压，加工完后放松右脚踏板，则压头自动提升。

d. 关闭压头自动提升设置时，应先将控制面板上的选择器开关旋转到 0 位置，再将控制面板上的电位计调整到最大位置。

4)零件的成形操作。

a. 根据模具选择压头速度：所有模具都可使用 300 次/min 速度，但 SW，TP，PFW，WT-NFW 模具需要使用 600 次/min 速度。

b. 成形过程中轻打脚踏板以准确地调整压力，在模具的工作表面匀速地引导零件，循环操作直至零件成形完毕。

c. 不要一次施压过大，压力调节好后应保持，应多次操作，循环反复直至成形。

d. 一旦成形完毕或需更换模具，应先压左脚踏板使压头升起后，再按停止开关。

e. 发生紧急情况时，可按紧急开关停止机床，一般情况时，必须逐级停止。

f. 不要连续、快速地改变压头速度，这样会引起电机过载而使机床关闭，红色的过载警告灯亮。机床关闭需冷却 1 min，红色的过载警告灯关闭，白色的主开关灯亮，机床方可重新使用。

3. 机床的安全操作。

(1)操作人员应严格按照说明书要求操作，使用前应检查设备的运转是否正常，成形模具是否完好,如有异常应及时通知有关人员。

(2)只有经过专门培训的人员方可上机操作。

(3)应按照模具的使用范围及要求合理地选择模具,以保护模具,延长其使用寿命。

(4)使用前将设备、模具及零件上的油污清理干净,以免影响成形质量和设备安全。

(5)加工过程中零件应逐步成形,严禁一次加压过大,以避免机器及其模具的损伤。

(6)使用过程中,非操作人员应在危险区域外,避免造成人员伤害。

(7)如果模具严重磨损,需维修或更换备件时,需找专人处理,不得擅自拆卸。

(8)模具使用完应按架位摆放整齐,便于查找使用。

(9)操作人员要精心爱护设备和成形模具。

4.操作过程中易出现的问题与解决方法。

(1)零件成形效果差,效率低。影响成形效果的因素很多,根据不同的情况,原因也不同。首先应合理选择模具;材料厚度应在模具加工范围内;材料宽度应大于模具宽度的一半。其次模具不应损坏,如果零件在加工时未清理干净,使油污附着在模具表面上,将减少零件与模具间的摩擦力,造成零件打滑,从而影响成形效果。再者由于模具长期使用产生表面磨损,凸凹不平,尤其是非金属表面更易磨损,这些情况也影响零件成形效果。对于已污损的模具,应由模具维修人员顺着模具宽度方向进行打磨,使模具表面平整、干净。

(2)零件成形质量差,零件表面不平,有皱纹,甚至有裂纹。一般来讲,引起表面不平、皱纹的重要原因是加工过程操作不当,一次施压过大或零件受力不均。操作工人应严格按照加工程序及方法,逐步施加压力(尤其是第一件)且有规律地移动零件使其受力均匀。

(3)使用过程中红信号灯亮,机床关闭。这主要是由于连续使用过载或主电机转换工作重复太快(300次/min,600次/min的控制开关)。在这种情况下,机床大约冷却1 min后,过热的红信号灯关闭,主开关的白信号灯亮,机床可以重新使用。

(4)机床启动时声音异常,关闭时间较长。这是由于传动V形皮带太松造成的,应由设备维修人员对V形皮带进行调整。

【任务实施】

一、准备工作

1.材料准备:$\delta 1.0$ mm×300 mm×40 mm;材料牌号:2A12O;数量:1件。

$\delta 1.0$ mm×200 mm×200 mm;材料牌号:2A12T4;数量:1件。

2.工艺装备:游标卡尺(0~150 mm)、钢板尺(0~300 mm)、万能角度尺、直口剪(10″)、曲口剪(8″)、铝榔头、划线板、木榔头、铝榔头、橡皮拍板等钣金常用工具。

二、操作步骤

1.检查材料状态、规格、尺寸、表面质量。

2.计算零件展开尺寸。将材料弯制成20 mm×20 mm×300 mm的角材,两端留足够余量,展开如下:

长度 $L=300$ mm

宽度　　　　　$B=a+b-(R/2+t)=20+20-(3/2+1)=37.5$ mm

3. 剪切下料 $300×37.5$ mm,去毛刺。

4. 划线,将毛料弯制成 20 mm×20 mm×300 mm 的板制角材。

5. 制作样板:将 $δ1.0$ mm×200 mm×200 mm 的 2A12T4 板料按图纸制外形样板一块。

6. 选用非金属颚板的收边模块固定在机床上下模座上,将锁扣固定,然后将脚踏板电源插头插入插口。

7. 打开主板开关。通过脚踏板将机床上压头模块调至 10 mm$+δ$(材料厚度)的合适间隙处。

8. 将速度调至 $300/$min。

9. 将长角材的成形边放进上下模之间(注意:角材的 R 根部不要碰到压头模块的边缘,以免压伤 R 处)。

10. 踩脚踏板的下行踏板,使上压头模块逐渐接触到零件的上表面,并逐渐加压到使材料产生合适的塑性变形时停止加压(注意:压力不可一次加压到位,应从低到高逐渐加压,否则零件易收边过度甚至报废)。

11. 成形过程要经常用外形样板全程控制,直到完全符合外形要求。如有不符合处,可用铝榔头轻微修整。

12. 修整零件的角度、平度。

13. 切割外形。

14. 检测,符合图纸、样板要求。

三、安全操作技术及注意事项

1. 操作前上、下模块必须用锁扣固定。

2. 开机前将上、下模的间隙调整为 10 mm$+δ$。

3. 机器运转时,脚离开踏板,双手离模块 50 mm 左右。

4. 经常用样板检查,控制产品的外形。

5. 外形、角度、平面度完全符合图纸后方可切割。

【实施效果评价】

一、自检与评价

每位学生完成课题后,按照图纸和评分标准认真测量课件是否符合图纸要求,对不合格的尺寸做出自检标记。

二、质量分析

学生针对自己在加工中出现的质量问题做出原因分析及纠正措施,指导教师对全部学生的课件进行检测,并做好检测记录,对于学生普遍存在的操作方法、检测方法、技术安全等问题,分析产生的错误原因,提出纠正措施,避免类似的问题重复发生。

三、雅高机成形评分表

雅高机成形评分表见表 10.3。

表 10.3　雅高机成形评分表　　　　　　　　　（单位：mm）

雅高机成形操作评分表		配分 T	图号 BJ10-1		考号	总分		
序号	考核要求	配分 T	评分标准			量具	检测结果	扣分
			$\leq T$	$>T,\leq 2T$	$>2T,\leq 3T$			
1	20 ± 0.5(2 处)	30	30	10	0	卡尺		
2	$R100\pm 0.5$	20	20	10	0	样板		
3	$120°\pm 30'$	10	10	4	0	样板		
4	$90°\pm 30'$	20	20	8	0	角度尺		
5	$R3\pm 0.5$	8	8	3	0	卡尺		
6	平面度<0.5	12	12	5	0	塞尺		
7	表面质量：无裂纹、夹伤、划伤、锤痕等，发现每处扣 2 分					目测		
8	技术安全与文明生产	违反有关规定扣总分 5～10 分				见考场记录		
合计		100 分						

检测：　　　　年　　月　　日

【课后思考与练习】

1.简述雅高机的成形原理及模块的选择。

2.如何调整上、下模块的间隙？

3.在成形过程中如何控制零件的外形尺寸？

4.试分析如图 10.2 所示型材收放边零件的加工步骤，并完成该零件的加工。

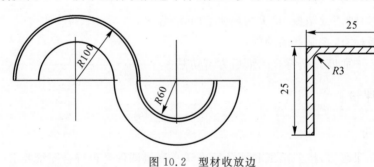

图 10.2　型材收放边

项目课题 11　综合件 1 练习

项目课题 11 主要讲述综合件 1 成形任务实施工艺分析及材料、操作工量具、技术要求、相关专业知识；任务实施准备工作、操作步骤、安全操作技术及注意事项、实施效果评价等内容。

教学要求

(1)掌握拔缘的操作方法及要领。

(2)掌握钣金零件手工成形的基本操作方法。

(3)掌握钣金零件的加工路线及工艺要求。

内容框架图

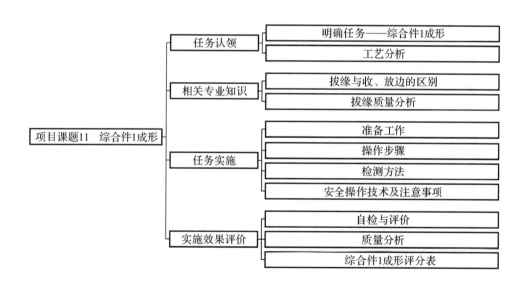

【任务引领】

一、明确任务——综合件 1 成形

1. 在 $\delta 1.0\ mm \times 200\ mm \times 200\ mm$ 的铝合金材料上完成如图 11.1 所示的零件。

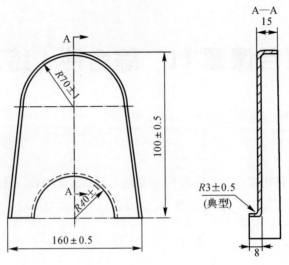

图 11.1　综合成形零件 1

2.技术要求。

(1)掌握拔缘的基本操作方法及操作要领。

(2)具备钣金零件的图纸分析和工艺分析能力。

(3)熟悉钣金零件的加工步骤及成形方法。

3.综合件 1 成形工量具清单见表 11.1。

表 11.1　综合件 1 成形工量具清单

综合件成形操作工量具清单			图号		材料规格		
			BJ11-1		$\delta1.0$ mm×200 mm×200 mm		
			数量/件	1	材料牌号		2A12O
序号	名称	规格	数量/件	序号	名称	规格	数量/件
1	直口剪	10″	1	6	轨铁	/	1
2	曲口剪	8″	1	7	划针	/	1
3	钢板尺	0~300 mm	1	8	木榔头	$\phi40$ mm	1
4	游标卡尺	0~150 mm	1	9	橡皮打板	/	1
5	角度尺	320°	1	10	胶木榔头	$\phi40$ mm	1

备注:钣金常用工具。

二、工艺分析

1.图纸分析。分析图纸,该零件为内外拔缘件,零件的成形方法采用无模具手工拔缘。成形时采用先收边后放边的加工顺序。外拔缘的主要障碍是弯边表面有加工痕迹(锤痕、折皱痕迹),内拔缘的主要障碍是裂纹,产生裂纹的原因与材质、厚度、弯边高度、毛料边缘状态有关,还与操作方法、工具的选用、成形过程中材料的冷作硬化有关。如何预防和控制裂纹的产生,是完成课题的重点。

2.裂纹的控制。

（1）选择塑性较好的防锈铝或退火状态的铝合金材料。

（2）成形前修光毛料边缘，成形中出现裂纹要及时清除。

（3）成形方式：外边缘先敲出零件的根部，然后，采用螺旋式循序渐进地一圈圈地向零件弯边边缘渐进成形，榔头锤击点要均匀、密集。内拔缘时先在有 R 的顶铁上制出拔缘根部，再调整毛料角度，排开边缘达到拔缘高度。

（4）成形中要随时收平边缘波纹，否则易造成死皱或裂纹。

3. 下毛料：为避免成形时产生加工变形，下料时放边的剪切工序应在收边工作完成后进行。

【相关专业知识】

一、拔缘与收、放边的区别

放边和收边操作，主要是对一定型材的底边进行敲打，是底边弯曲（放边或收边），符合一定的半径。而拔缘操作是将平面形的板件制出一定高度的弯边，符合一定的曲线、角度的零件。

二、拔缘质量分析

（1）外拔缘是收边的过程，成形凸曲线弯边零件。成形中，弯边部分的材料被压缩，材料厚度增加。成形后，当收边量不足时，零件腹板面会出现拱曲，这是由于材料收缩不够引起的，应在拱曲范围内增加收边量。而出现翘曲，则是收边过量，应在翘曲范围内，零件与平台接触处酌量放边。

（2）内拔缘是放边的过程，成形凹曲线弯边零件。成形中，弯边部分材料被拉伸，材料厚度相对变薄，成形后，常常出现腹板面中间部分隆起，这时放边量不足，材料伸长不够。

（3）成形中，如果凸凹弯边的收缩或伸长不够，都会牵动腹板面的变形。因此，进一步的修整变形是非常必要的。

【任务实施】

一、准备工作

1. 材料准备。

材料规格：$\delta 1.0$ mm×200 mm×200 mm；材料牌号：2A12O；数量：1 件。

2. 工艺装备。

游标卡尺（0～150 mm）、钢板尺（0～300 mm）、直口剪（10″）、曲口剪（8″）、划针、木榔头、顶铁、胶木榔头、芯棒、橡皮拍板等钣金常用工具。

二、操作步骤

1. 检查材料状态、规格、尺寸、表面质量（要求：无划伤、压痕、裂纹等）。

2. 划线。依据图纸在毛料上划出零件中心线，确定内拔缘 $R30$ mm、外拔缘 $R40$ mm 圆心，并保证两圆心距离尺寸为 90 mm，注意在内拔缘毛料端面留 5～10 mm 工艺余量，按图纸划出内拔缘和外拔缘的拔缘线（$R30$ mm，$R40$ mm）及切割线（$R20$ mm，$R55$ mm）。在 $R30$ mm 圆心线上左右对称量取 60 mm，75 mm 尺寸，并与 $R40$ mm，$R55$ mm 尺寸相切连接。

3. 剪切下料。下料前要按图纸检查划线尺寸，保证符合图纸要求，然后剪切去毛刺。

4.拔缘。

(1)外拔缘。

1)将要拔缘的边在芯棒上敲出根部轮廓线,弯曲半径 R 控制在靠近弯折边的 R 的下方,再用顶棒顶住弯边根部,向下搂边,搂边时均匀转动材料,在弯边上制出折皱,锤击点和锤击力要均匀,不能操之过急,否则可能使弯边产生裂纹和死皱。

2)再逐个平波纹使边缘收缩成凸弯边。拔缘过程中,将弯边边缘向里稍加收缩,可提高拔缘效果,如图 11.2 所示。

3)收边时要循序渐进,成形中要边修整边收边,直到满足技术条件,达到图纸要求。

(2)内拔缘。

1)剪切内孔,并砂光毛料边缘毛刺。

2)用打薄方法成形内拔缘。先在有弯曲半径 R 的顶铁上用尖头木榔头制出拔缘根部,如图 11.3(a)所示,再调整毛料角度,用胶木榔头排开边缘达到拔缘尺寸[见图 11.3(b)]。锤放边必须与平台或顶铁表面贴紧,这样,才能避免裂纹的产生,保证锤放效果,符合加工要求。

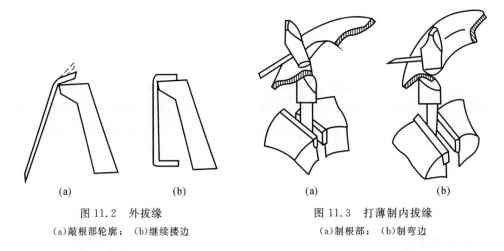

(a)　　　　　　(b)　　　　　　　　(a)　　　　　　(b)

图 11.2　外拔缘　　　　　　　　图 11.3　打薄制内拔缘

(a)敲根部轮廓；　(b)继续搂边　　　　(a)制根部；　(b)制弯边

3)修整,按图纸划线去余量。

4)按图纸检查,符合图纸要求。

三、检测方法

1.用卡尺测量拔缘弯边尺寸是否符合图纸要求,满足技术条件±0.5 mm。

2.用半径规测量弯曲半径 $R3$ mm,符合公差±0.5 mm。

3.用角度尺测量弯曲角度,符合图纸 $90°±30'$。

4.用钢板尺测量每个弯曲平面的平面度,要求间隙<0.5 mm。

5.目测工件表面不得有压痕、锤痕、裂纹。

四、安全操作技术及注意事项

1.操作时操作者站立姿势要稳定,掌握正确的拔缘操作方法。

2.拔缘成形时,尽量使用毛榔头敲制,以免造成表面凸凹不平、材料变形不均等缺陷。

3.夹在虎钳上的芯棒要夹紧并垫实,防止敲打成形中芯棒移位掉落。

4.划弯折线时要用铅笔,避免划针刺入板料太深,弯折时产生裂纹。

5.操作中对使用的榔头要经常进行检查,不能有松动、掉头现象。

6.拔缘时选用旧的木榔头效果好,新的木榔头和胶木榔头易使材料加工硬化,并影响表面质量。

7.工作现场工量具按要求定制摆放,量具要轻拿轻放,使用完后要擦净放入量具盒内。

8.工作现场保持干净、整洁,剪切的废料及多余物要随时清理,保持消防通道的畅通。

9.正确使用防护用品,使用钻床设备不能戴手套,女工上岗要戴工作帽。

10.加强质量意识,树立不断提高产品质量的思想。

11.操作者要有认真、仔细的学习态度。

【实施效果评价】

一、自检与评价

每位学生完成课题后,按照图纸和评分标准认真测量课件是否符合图纸要求,对不合格的尺寸做出自检标记。

二、质量分析

学生针对自己在加工中出现的质量问题做出原因分析及纠正措施,指导教师对全部学生的课件进行检测,并做好检测记录,对于学生普遍存在的操作方法、检测方法、技术安全等问题,分析产生的错误原因,提出纠正措施,避免类似的问题重复发生。

三、综合件 1 成形评分表

综合件 1 成形评分表见表 11.2。

表 11.2 综合件 1 成形评分表 （单位:mm）

综合件 1 成形技能操作评分表			图号	考号		总分		
			BJ11-1					
序号	考核要求	配分 T	评分标准			量具	检测结果	扣分
			$\leqslant T$	$>T,\leqslant 2T$	$>2T$			
1	$R70\pm1.0$	15	15	7	0	样板		
2	$R40\pm1.0$	15	15	7	0	样板		
3	15 ± 0.5	10	10	5	0	卡尺		
4	8 ± 0.5	10	10	5	0	卡尺		
5	160 ± 0.5	10	10	5	0	卡尺		
6	100 ± 0.5	10	10	5	0	卡尺		
7	$R3\pm0.5$(典型)	10	10	5	0	半径规		
8	$90°\pm30'$	10	10	5	0	角度尺		
9	平面度<0.5	10	10	5	0	塞尺		
10	表面质量:无裂纹、毛刺、划伤等,发现每处扣 2 分					目测		
11	技术安全与文明生产	违反有关规定扣总分 5～10 分				现场记录		
合计		100 分						

检测: 年 月 日

【课后思考与练习】

1. 简述拔缘的操作方法。

2. 拔缘与收、放边的区别是什么？

3. 试分析如图 11.4 所示零件的操作方法，并完成该零件的成形操作。

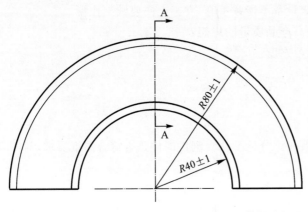

图 11.4　收放边

项目课题 12 综合件(钣铆复合件)2 成形

项目课题 12 主要讲述综合件(钣铆复合件)2 成形任务实施工艺分析及材料、操作工量具、技术要求、相关专业知识;任务实施准备工作、操作步骤、安全操作技术及注意事项、实施效果评价等内容。

教学要求

(1)掌握收边的基本操作方法和操作要点。

(2)掌握放边的基本操作方法和操作要点。

(3)掌握拱曲的基本操作方法和操作要点。

(4)能够对操作中出现的质量故障进行分析,预防并排除操作中产生的故障。

(5)明确铆钉的规格及代号标识、铆钉的基本尺寸计算。

(6)掌握铆接的基本要求。

内容框架图

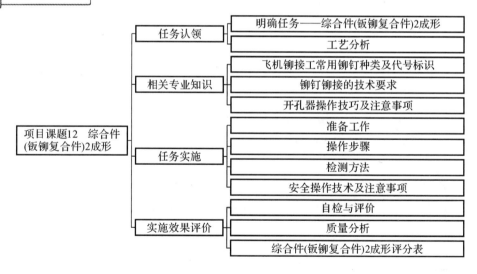

【任务引领】

一、明确任务——综合件(钣铆复合件)2 成形

1.在 $\delta 1.0$ mm×360 mm×160 mm 2A12T4,$\delta 1.0$ mm×20 mm×20 mm×600 mm XC111-16-2A12O,$\delta 1.0$ mm×150 mm×150 mm 0Cr18Ni9 等材料上完成如图 12.1(a)(b) (c)(d)所示的零件。

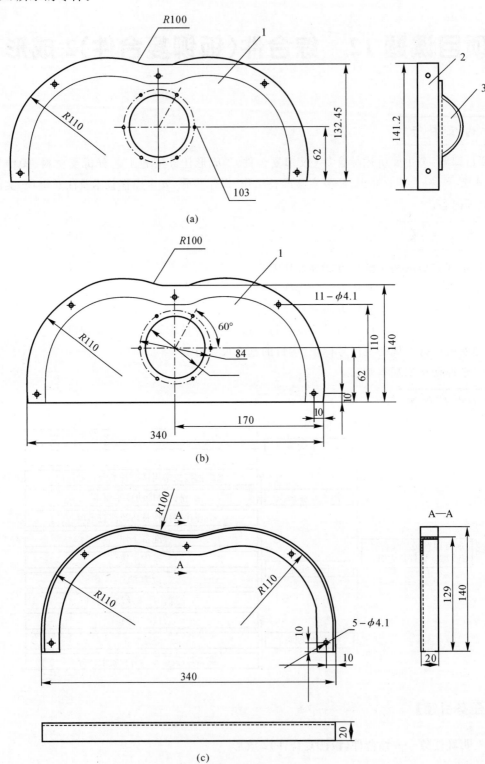

图　12.1

(a)钣铆综合成形零件2装配图；　(b)综合成形零件2底板(件1)

(c)综合成形零件2弯曲件(件2)

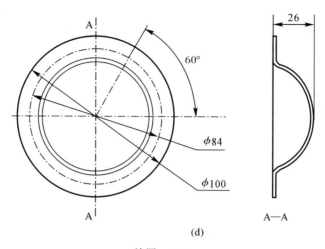

(d)

续图 12.1

(d)综合成形零件 2 口盖(件 3)

2.技术要求。

(1)装配后零件间隙≤0.5 mm。

(2)装配后各零件无扭曲。

(3)零件表面不允许有裂纹、压坑、伤痕等缺陷。

(4)装配后零件表面不允许有铆接产生的压伤等缺陷。

(5)钉头与试板表面应贴合,间隙≤0.05 mm。

(6)铆接按照飞机蒙皮表面铆接技术要求执行。

(7)未注尺寸公差为±0.5 mm。

3.综合件(钣铆复合件)2 成形工量具清单见表 12.1。

表 12.1 综合件(钣铆复合件)2 成形工量具清单

综合件(钣铆复合件)2 操作工量具清单			图号		材料规格		
			BJ12 - 1		δ1.0 mm×360 mm×160 mm 型材 δ1.0 mm×20 mm×20 mm×600 mm δ1.0 mm×150 mm×150 mm		
			数量/件	各 1	材料牌号		2A12T4 XC111 - 16 - 2A12O 0Cr18Ni9
序号	名称	规格	数量/件	序号	名称	规格	数量/件
1	直口剪	10″	1	13	快速定位销	ϕ2.7 mm	10
2	曲口剪	6″	1	14	弓形夹	1′	4
3	铝榔头	ϕ40 mm	1	15	钻头	ϕ2.7 mm, ϕ4.1 mm	各 2
4	折波钳	/	1	16	毛刺锪	ϕ10 mm	1
5	木榔头	ϕ40 mm	1	17	划针	/	1

续 表

综合件(钣铆复合件)2 操作工量具清单		图号		材料规格		
		BJ12－1		δ1.0 mm×360 mm×160 mm 型材 δ1.0 mm×20 mm×20 mm×600 mm δ1.0 mm×150 mm×150 mm		
		数量/件	各1	材料牌号		2A12T4 XC111－16－2A12O 0Cr18Ni9

序号	名称	规格	数量/件	序号	名称	规格	数量/件
6	折波钳	/	1	18	划规	/	1
7	拱曲工具	/	1	19	半径规	R1.0～6.0 mm	1
8	铅板	/	1	20	钢板尺	0～300 mm	1
9	风钻	Z801	1	21	游标卡尺	0～150 mm	1
10	铆枪	M301	1	22	高度尺	0～300 mm	1
11	顶把		1	23	角度尺	320°	1
12	半圆窝头	ϕ4 mm	1	24	塞尺		1

备注:钣金、铆接常用工具

二、工艺分析

1. 图纸分析。该零件为钣铆装配组合件。零件由底板、弯曲件和口盖三部分组成。

2. 零件 1(底板)主要考核划线、剪切及钻孔等技能。该零件既是装配零件也是本课题零件 2(弯曲件)的外形样板,是检测标准,是保证各零件配合要求的基准。在制作时要严格执行技术要求,保证零件尺寸正确无误,平整无毛刺。

3. 零件 2(弯曲件)主要考核收放边的操作技能。操作方法采用折波钳收边和打薄锤放。该零件外形为 M 形复杂收放边零件,收放操作在同一曲面上,弯曲曲度的控制是操作难点。收放边时在型材上划出收放曲度加工分界线,要注意收放量的控制并随时用样板(底板)检测外形曲度,避免收放不均及曲度超差而产生扭曲,造成大的修整工作量甚至零件报废。

4. 零件 3(口盖)主要考核拱曲和放边的操作技能。该零件有法兰边部分,因此不能采用中间放、四周收缩的方法成形,只能用展放中间部分的方法成形。拱曲时不能集中在一处锤击,要不断旋转毛料,调整锤击部位,使圆周变形均匀,由内而外,逐渐进行,避免因中部毛料伸展过多而凸起。

5. 口盖与底板是铆接连接,安装的位置很关键。口盖加工成形后是半球形,连接与底板的 6 个孔位不便于划线,因此孔位的确定需要在底板上划线。在底板上划出口盖位置的中心线和轮廓线,用口盖放置上面检查位置是否正确后,在底板上划出 6 个孔的等分线。钻出 ϕ2.7 mm导孔后,将口盖放于正确位置,用弓形夹夹紧,先引钻两个导孔,用定位销拉紧,再引钻其他导孔后,扩孔至 ϕ4.1 mm(定位销拉紧位置不引钻),分解去除孔口毛刺,再次安装、铆接。最后铆接定位销位置孔铆。

【相关专业知识】

一、飞机铆接工常用铆钉种类及代号标识

1.飞机铆接工常用铆钉为以下五种,如图 12.2 所示。

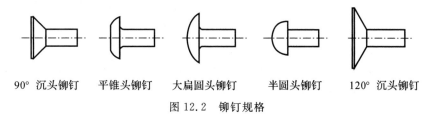

　90°沉头铆钉　　平锥头铆钉　　大扁圆头铆钉　　半圆头铆钉　　120°沉头铆钉

图 12.2　铆钉规格

2.铆钉航空工业标准代号。

半圆头铆钉——HB 6229—1989～HB 6238—1989。

平锥头铆钉——HB 6297—1989～HB 6303—1989。

90°沉头铆钉——HB 6304—1989～HB 6313—1989。

120°沉头铆钉——HB 6315—1989～HB 6319—1989。

大扁圆头铆钉——HB 6323—1989～HB 6328—1989。

3.铆钉材料标记见表 12.2。

表 12.2　铆钉材料标记

材料	2A01	2A10	5B05	3A21	1035	ML20MnA	ML18	1Cr18Ni9Ti	H62
标志	⊙	◯	⦂	⦙	⊖	⊙	◯	◯	◯

二、铆钉铆接的技术要求

1.铆钉头的要求。

(1)沉头铆钉相对于蒙皮凸出量为 0.02～0.05 mm,如图 12.3 所示。

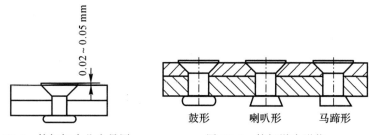

0.02～0.05 mm

鼓形　　喇叭形　　马蹄形

图 12.3　铆钉钉头凸出量图　　图 12.4　铆钉镦头形状

(2)铆钉头贴紧试板表面,允许不贴合单向间隙为 0.05 mm,且不超过排内钉数的 10%。

(3)铆钉头不允许有切痕、下陷、裂纹及其机械损伤。

2.铆钉镦头的要求。

(1)铆钉镦头呈标准鼓形,不允许呈喇叭形、马蹄形,如图 12.4 所示。

(2)镦头的直径 $D=(1.5\pm0.1)d$，　　　　　　　镦头高度 $h_{min}=0.4d$。

(3)铆钉镦头不允许有切痕、下陷、裂纹及其机械损伤。

三、开孔器操作技巧及注意事项

开孔钻主要用于在被加工零件中开孔操作。开孔器需要安装在风钻(手电钻)等电动工具上使用，不同的孔径需要选择不同尺寸的开孔器。开孔器上有中心钻头和齿环，齿环的外径就是需要开孔的直径。将开孔器夹紧在钻夹头上，在需要开孔的材料上定好孔的圆心，将开孔器的中心钻头对准圆心，利用中心钻头在材料上钻出中心孔，待齿环与材料接触后，需要稳定、匀速施压继续往下钻，直到开孔器穿透材料，就可以在材料上完成开孔。开孔器使用时应注意操作安全，必须按照操作流程规范操作。

操作步骤：

1.使用开孔器前需要用夹具稳定待加工零件。

2.将开孔器安装好后，慢速测试安装牢固后再进行开孔。

3.使用后及时断开连接(电源)，并将开孔器拆卸下来放在指定位置。

【任务实施】

一、准备工作

1.材料准备。

(1)弯曲件:型材 $\delta1.0$ mm×20 mm×20 mm×600 mm XC111-16-2A12O;1 件。

(2)底板:铝板 $\delta1.0$ mm×360 mm×160 mm 2A12T4;1 件。

(3)口盖:不锈钢 $\delta1.0$ mm×150 mm×150 mm 0Cr18Ni9;1 件。

(4)铆钉:标准件 HB 6231-4×8;6 件。

(5)螺栓:标准件 GB 5783;M4×10;3 件。

(6)螺母:标准件 M4;3 件。

2.工艺装备。

游标卡尺(0～200 mm)、高度尺(0～300 mm)、半径规($R1\sim6$ mm)、角度尺(320°)、塞尺、钢板尺(0～300 mm)、直口剪(10″)、直口剪(8″)、划针、木榔头、铁榔头、铝榔头、折波钳、橡皮拍板、铅板、开孔器($\phi70$ mm)、钻头($\phi5.2$ mm)、弓形夹(3″)等钣金常用工具;铆枪(M301)、风钻(Z801)、顶把、半圆窝头($\phi4$ mm)、钻头($\phi2.7$ mm)和($\phi4.1$ mm)、快速定位销($\phi2.7$ mm)、弓形夹 1 寸等铆接常用工具。

二、操作步骤

(一)底板件加工[见图 12.1(b)]

1.划线。按图纸在毛料上划出零件边缘线、$\phi70$ mm 孔的中心线及加工边缘线、$\phi4.1$ mm孔的中心线。

2.下料。将零件外缘用剪刀沿边缘线剪切，保证剪切质量。

3.用样冲冲出 11-$\phi4.1$mm 孔的冲点，并钻出 11-$\phi2.7$ mm 的导孔。

4.在 $\phi70$ mm 孔的中心钻出 $\phi5.2$ mm 的定位孔，用 $\phi70$ mm 的划孔钻钻出在 $\phi70$ mm的孔。

5.去毛刺并用砂纸打光零件边缘，保证零件符合图纸及技术要求。

(二)弯曲件加工[见图 12.1(c)]

型材零件成形过程中用底板零件作为外形样板使用。

1.划出型材中心线并用记号笔划出收放边的长度线。

2.用打薄锤放的操作方法制出凹曲线部分。

3.用折波钳收边的方法制出两侧凸曲线部分。

4.按底板零件的外形修整型材的收放边部分,使外形符合样板(底板)要求,平面、角度符合图纸要求。

5.按图纸切割余量,锉修毛刺,直至符合图纸及技术要求。

(三)口盖加工[见图 12.1(d)]

1.首先在毛料上划出 $\phi100$ mm 外形轮廓线。

2.将毛料展放区域垫在铅板上,用铁锤敲打展放区域,锤放要均匀,锤击时要不断旋转毛料,随时调整锤击部位,反复敲打展放部位,直至符合切面样板的要求。展放过程中要注意修整法兰部分,保持法兰表面平整光滑。

3.按图纸切割外形,并锉修毛刺,保证尺寸符合图纸要求。

(四)装配

1.口盖的定位、铆接。

(1)在底板上划出口盖位置线以及 6 个铆钉孔位置线。

(2)钻出 $6-\phi2.7$ mm 导孔。

(3)将口盖定位夹紧到底板上,用弓形夹夹紧。

(4)引钻 $\phi2.7$ mm 导孔 2 个,用定位销拉紧后引钻其他导孔,并扩孔至 $\phi4.1$ mm。

(5)分解去除孔口毛刺及铆接。将 $6-\phi4.1$ mm 孔外用铆钉铆接。

(6)重新安装后铆接,最后扩孔、铆接定位销位置孔。

2.弯曲件的安装。

(1)将弯曲件按底板外形定位,并用弓形夹固定。

(2)沿 $5-\phi2.7$ mm 导孔制出 $5-\phi4.1$ mm 孔。

(3)打开弓形夹,取下零件,去除孔毛刺。

(4)将 $5-\phi4.1$ mm 孔用螺栓连接,保证弯曲件与底板外形对齐。

三、检测方法

1.按图纸测量装配尺寸。

2.拆解螺栓,检测螺栓连接。

3.测量弯曲件尺寸。

4.测量口盖尺寸。

5.测量底板尺寸。

四、安全操作技术及注意事项

1.操作时操作者站立姿势要稳定,掌握正确的操作方法。

2.操作中对使用的榔头要经常进行检查,不能有松动、掉头现象。

3.铆接操作时注意零件夹持要牢靠,中间不能产生间隙。

4.铆接时考虑到材料比较薄,用力不能过大,避免发生零件变形。

5. 铆接时铆枪要拿稳,避免窝头偏斜使零件表面产生铆痕。

6. 使用铆枪前,一定要先接通风带,再安装窝头,避免误操作时窝头飞出伤人。

7. 工作现场工量具按要求定制摆放,量具要轻拿轻放,使用完后要擦净放入量具盒内。

8. 工作现场保持干净整洁,剪切的废料及多余物要随时清理,保持消防通道的畅通。

9. 正确使用防护用品,使用钻床设备不能戴手套,女工上岗要戴工作帽。

【实施效果评价】

一、自检与评价

每位学生完成课题后,按照图纸和评分标准认真测量课件是否符合图纸要求,对不合格的尺寸做出自检标记。

二、质量分析

学生针对自己在加工中出现的质量问题做出原因分析及纠正措施,指导教师对全部学生的课件进行检测,并做好检测记录,对于学生普遍存在的操作方法、检测方法、技术安全等问题,分析产生的错误原因,提出纠正措施,避免类似的问题重复发生。

三、综合件(钣铆复合件)2 成形评分表

综合件(钣铆复合件)2 成形评分表见表 12.3。

表 12.3　综合件(钣铆复合件)2 成形评分表　　　　　　　（单位:mm）

综合件(钣铆复合件)2 成形技能操作评分表		评分表	图号 BJ12-1	考号	总分		
序号	考核要求	配分 T	评分标准		量具	检测结果	扣分
			≤T	>T,≤2T	>2T		
1	装配组件						
1.1	组合件外形	14					
1.1.1	342.4±0.5	4	4	2	0	高度尺	
1.1.2	141.2±0.5	4	4	2	0	高度尺	
1.1.3	62±0.5	2	2	1	0	卡尺	
1.1.4	平面度≤0.5	4	4	2	0	塞尺	
1.2	底板与口盖装配	13					
1.2.1	底板与口盖装配间隙≤0.3	4	4			塞尺	
1.2.2	铆接质量(6处)	3	3	1.5	0	目测	
1.2.3	镦头质量(6处)	3	3	1.5	0	目测	
1.2.4	装配位置	3	3	1.5	0	目测	
3.	底板与弯曲件装配	10					
3.1	底板与弯曲件装配间隙≤0.3	5	5	2.5	0	塞尺	

续 表

综合件(钣铆复合件)2 成形技能操作评分表		评分表	图号	考号	总分		
			BJ12-1				
序号	考核要求	配分 T	评分标准			量具	检测结果	扣分
			≤T	>T,≤2T	>2T			
3.2	螺钉连接质量(5处)	5	5	2.5	0	目测		
4	底板(件1)	12						
4.1	R100±0.5	1	1	0.5	0	反切外样板		
4.2	R110±0.5(两处)	2	2	1	0	反切外样板		
4.3	φ70±0.5	2	2	1	0	卡尺		
4.4	62±0.5	1	1	0.5	0	卡尺		
4.5	340±0.5	1	1	0.5	0	卡尺		
4.6	140±0.5	1	1	0.5	0	卡尺		
4.7	φ84±0.5	1	1	0.5	0	卡尺		
4.8	φ4.1±0.5(5处)	1	1	0.5	0	卡尺		
4.9	平面度≤0.5	1	1	0.5	0	塞尺 钢板尺		
4.10	表面质量	1	每超差1处扣0.5分			目测		
5	弯曲件(件2)	30						
5.1	R100±0.5	4	4	2	0	反切外样板		
5.2	R110±0.5(两处)	8	8	4	0	反切外样板		
5.3	140±0.5	3	3	1.5	0	高度尺		
5.4	340±0.5	3	3	1.5	0	高度尺		
5.5	110±0.5(两处)	2	2	1	0	高度尺		
5.6	20±0.5	1	1	0.5	0	卡尺		
5.7	10±0.5(边距,5处)	2	2	1	0	卡尺		
5.8	垂直度±30′	2	2	1	0	角度尺		
5.9	平面度≤0.5	3	3	1.5	0	塞尺		
5.10	表面质量	2	每超差1处扣0.5分			目测		
6	口盖(件3)	22						
6.1	R35±0.5	6	6	3	0	样板		
6.2	26±0.5	4	4	2	0	高度尺		
6.3	φ100±0.5	4	4	2	0	卡尺		
6.4	φ84±0.5	2	2	1	0	卡尺		

续 表

综合件(钣铆复合件)2 成形技能操作评分表		评分表	图号BJ12-1	考号	总分		
序号	考核要求	配分T	评分标准		量具	检测结果	扣分
			$\leqslant T$	$>T,\leqslant 2T$	$>2T$		
6.5	$R3\pm 0.5$(内弯曲半径)	2	2	1	0	半径规	
6.6	$6-\phi 4.1$(均布)	2	2	1	0	卡尺	
6.7	表面质量	2	每超差 1 处扣 0.5 分			目测	
7	表面质量:无裂纹、夹伤、划伤、锤痕等,发现每处扣 2 分					目测	
8	技术安全与文明生产	违反有关规定扣总分 5~10 分				现场记录	
合计		100 分					

检测：　　　　年　　月　　日

【课后思考与练习】

1.简述开孔器的使用方法及注意事项。

2.收放边的加工难点是什么？

项目课题 13　综合件(钣铆复合件)3 成形

内容提示

项目课题 13 主要讲述综合件(钣铆复合件)3 成形任务实施工艺分析及材料、操作工量具、技术要求、相关专业知识;任务实施准备工作、操作步骤、安全操作技术及注意事项、实施效果评价等内容。

教学要求

(1)掌握收边的基本操作方法和操作要点。

(2)掌握拔缘的基本操作方法和操作要点。

(3)掌握铆接的操作方法和铆接时零件表面的保护。

(4)能够对铆接过程中零件的固定和铆接力量的协调更好地把握。

(5)能够对操作中出现的质量故障进行分析,预防并排除操作中产生的故障。

内容框架图

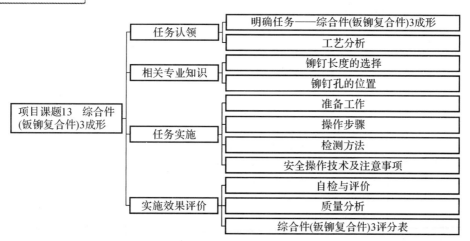

【任务引领】

一、明确任务——综合件(钣铆复合件)3 成形

1. 在 $\delta 1.2$ mm×400 mm×400 mm 2A12T4、$\delta 0.8$ mm×250 mm×200 mm 1Cr18Ni9Ti、$\delta 1.2$ mm×350 mm×350 mm　2A12O、$\delta 1.2$ mm×420 mm×20 mm×20 mm XC111 - 16 - 2A12O、$\delta 1.2$ mm×350 mm×350 mm 2A12T4 等材料上完成如图 13.1(a)(b)(c)(d)(e)(f)所示的零件。

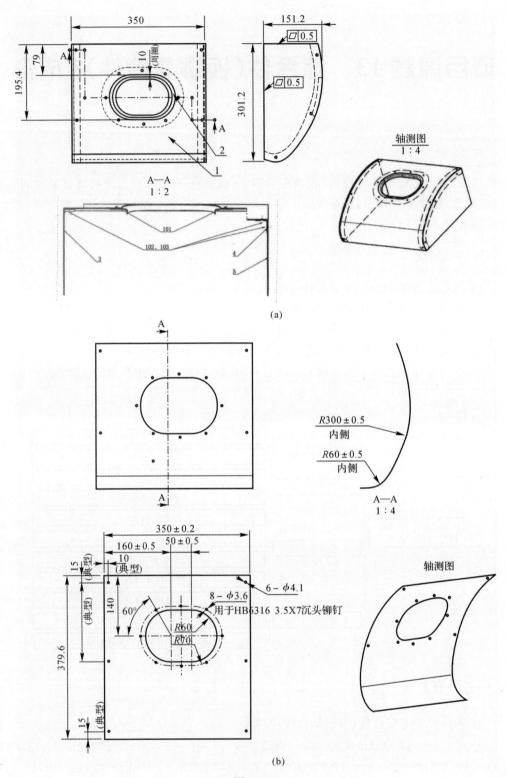

图 13.1

(a)钣铆综合成形零件 3 装配图； (b) 蒙皮(件 1)

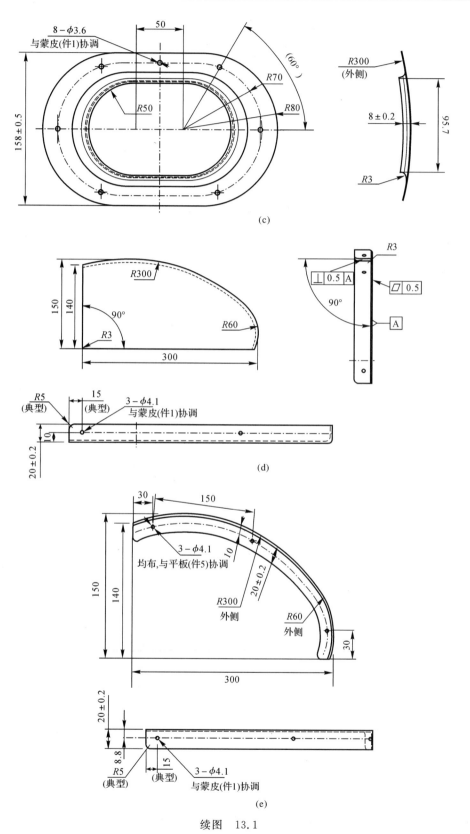

续图　13.1

(c)口盖(件2)；　(d)框(件3)；　(e)角材(件4)

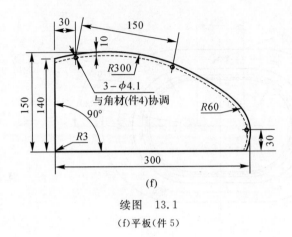

续图 13.1

(f)平板(件5)

2.技术要求。

(1)装配后各零件间隙≤0.5 mm。

(2)装配后各零件无扭曲。

(3)装配后,铆钉头表面不允许有伤痕、压坑、裂纹等缺陷。

(4)钉头与铆接的表面应贴合,间隙≤0.05 mm。

(5)铆钉镦头不允许有裂纹,标准镦头应呈鼓形,不允许有"马蹄形"或"喇叭形"。

(6)未注尺寸公差为±0.5 mm。

(7)零件表面不允许打磨。

(8)锐边无毛刺。

3.综合件(钣铆复合件)3成形工量具清单见表13.1。

表 13.1　综合件(钣铆复合件)3成形工量具清单

	图号	材料规格		
综合件(钣铆复合件) 3操作工量具清单	BJ13-1	δ1.2 mm×400 mm×400 mm		
		δ1.2 mm×250 mm×200 mm		
		δ1.2 mm×350 mm×350 mm		
		角型材δ1.2 mm×420 mm×20 mm×20 mm		
		δ1.2 mm×350 mm×350 mm		
	数量/件　各1	材料牌号	2A12T4	
			1Cr18Ni9Ti	
			2A12O	
			XC111-16-2A12O	
			2A12T4	

序号	名称	规格	数量/件	序号	名称	规格	数量/件
1	直口剪	10″	1	13	快速定位销	φ2.7 mm	10
2	曲口剪	6″	1	14	弓形夹	1′	4
3	铝榔头	φ40 mm	1	15	钻头	φ2.7 mm, φ4.1 mm	各2

续　表

	图号	材料规格		
综合件(钣铆复合件)3 操作工量具清单	BJ13－1	$\delta1.2\ mm\times400\ mm\times400\ mm$		
		$\delta1.2\ mm\times250\ mm\times200\ mm$		
		$\delta1.2\ mm\times350\ mm\times350\ mm$		
		角型材 $\delta1.2\ mm\times420\ mm\times20\ mm\times20\ mm$		
		$\delta1.2\ mm\times350\ mm\times350\ mm$		
	数量	各 1	材料牌号	2A12T4
				1Cr18Ni9Ti
				2A12O
				XC111－16－2A12O
				2A12T4

序号	名称	规格	数量	序号	名称	规格	数量
4	折波钳	/	1	16	毛刺锪	$\phi10\ mm$	1
5	木榔头	$\phi40\ mm$	1	17	划针	/	1
6	折波钳	/	1	18	划规	/	1
7	拱曲工具	/	1	19	半径规	$R1.0\sim6.0\ mm$	1
8	铅板	/	1	20	钢板尺	$0\sim300\ mm$	1
9	风钻	Z801	1	21	游标卡尺	$0\sim150\ mm$	1
10	铆枪	M301	1	22	高度尺	$0\sim300\ mm$	1
11	顶把		1	23	角度尺	$320°$	1
12	半圆窝头	$\phi4\ mm$	1	24	塞尺		1

备注:钣金、铆接常用工具

二、工艺分析

该零件为钣铆组合装配件。零件由蒙皮(件 1)、口盖(件 2)、框(件 3)、角材(件 4)、平板(件 5)五部分零件构成。

1. 蒙皮(件 1)弯曲。图纸分析,该零件为变曲度弯曲件,操作采用手工弯曲。首先将弯曲棒固定在工作台上,弯曲棒与桌面留适当距离,将板料放在弯曲棒的下面,为避免卷出的零件发生扭曲,毛料边缘与弯曲棒要平行放置,检查毛料放置端正后将毛料沿弯曲棒的方向向上卷曲,为保证卷曲质量满足曲度要求,卷曲过程中要均匀向弯曲棒方向推送板料,并逐步向上卷曲,操作中要经常用样板检测弯曲度,直到符合样板(件 5)及图纸。

2. 口盖(件 2)。图纸分析,该零件为表面带有曲度的内拔缘零件。因该零件与蒙皮(件 1)有进行铆接装配的要求,为避免拔缘后曲度成形困难,操作中采用先弯曲再拔缘的成形方法。该零件内孔较大,边缘材料较窄,为方便加工,边缘材料要尽量留有较多加工余量。

3. 框(件 3)。图纸分析,该零件为外拔缘操作,操作采用无模具手工成形。拔缘是用收边的方法,将板料边缘加工成曲线弯边零件。该零件外拔缘在同一弯曲平面内曲率半径是不相同的,为保证收边外形,拔缘时要注意曲率变化处材料的收缩均匀,先在毛料边缘敲制出适当宽度的弯边,使边缘材料向内收缩,操作中要均匀转动材料,螺旋向下逐步增加弯边宽度,直到敲出拔缘根部轮廓。

4.角材(件4)。图纸分析,该零件为变曲度收边零件,操作采用折波钳收边。弯曲曲度的控制是操作难点,为便于加工可在型材上划出曲度加工的分界线。收边时折波高度、宽度要控制好,分布要均匀,注意收边量的控制并随时用样板(件5)检测外形曲度,避免收边不均及曲度超差而产生扭曲,造成大的修整工作量甚至零件报废。

5.平板(件5)。该零件加工主要是划线、剪切的操作技能。该零件既是装配零件也是本课题零件蒙皮(件1)、口盖(件2)的切面样板,也是框(件3)、角材(件4)的外形样板,是检测依据,是保证各零件配合要求的基准。在制作时要严格执行技术要求,保证零件尺寸正确无误,平整无毛刺。

6.口盖与蒙皮是铆接连接,加工成形后表面是曲面形状,对于零件的贴合度要求较高。孔位基准在蒙皮上划线确定,并在口盖上划出安装辅助线,保证口盖安装的位置。钻出$\phi 2.7$ mm导孔后,将口盖放于正确位置,用弓形夹夹紧,先引钻两个导孔,用定位销拉紧,再引钻其他导孔后,扩孔至$\phi 4.1$ mm(定位销拉紧位置不引钻),分解去除孔口毛刺,再次安装、铆接。最后铆接定位销位置孔铆。

【相关专业知识】

一、铆钉长度的选择

铆钉长度计算有三种方法:

1.按公式计算。

$$L = d_1 + \frac{d_0^2}{d_1^2} \times \sum \delta$$

式中: d_0—— 铆钉孔最大直径,mm;

d_1—— 铆钉最小直径,mm;

$\sum \delta$—— 夹层总厚度,mm。

2.按经验公式计算(见表12.2)。

表 12.2 铆钉长度计算公式

铆钉直径(d)	2.5	3.0	3.5	4.0	5.0	6.0	7.0	8.0
铆钉长度(L)	$\sum \delta + 1.4d$		$\sum \delta + 1.3d$		$\sum \delta + 1.2d$		$\sum \delta + 1.1d$	

3.查表法(略)。

二、铆钉孔的位置

1.确定铆钉位置的三个参数是边距、间距和排距。其中边距尺寸的保证是首要的,如果图纸没有标识铆钉的边距,一般按照2倍铆钉直径为最小边距。

2.铆钉孔的边缘不能进入钣弯件和型材的圆角内,且保证铆钉头不搭在圆角上,如图13.2

所示。

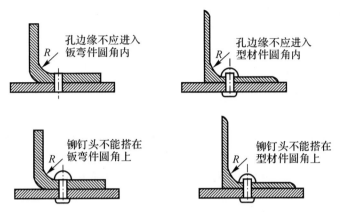

图 13.2　铆钉孔与铆钉头的位置

【任务实施】

一、准备工作

1.材料准备。

(1)蒙皮:铝板 δ1.2 mm×400 mm×400 mm 2A12T4;1 件。

(2)口盖:钢板 δ0.8 mm×250 mm×200 mm 1Cr18Ni9Ti;1 件。

(3)框:铝板 δ1.2 mm×350 mm×350 mm　2A12O;1 件。

(4)角材:型材 δ1.2 mm×420 mm×20 mm×20 mm XC111-16-2A12O;1 件。

(5)平板:铝板 δ1.2 mm×350 mm×350 mm 2A12T4;1 件。

(6)铆钉:标准件 HB6136;3.5×7;8 件。

(7)螺栓:标准件 GB5783;M4×10;9 件。

(8)螺母:标准件 GB6170;M4;9 件。

2.工艺装备。

游标卡尺(0~200 mm)、高度尺(0~300 mm)、半径规(R1~6 mm)、角度尺(320°)、塞尺、钢板尺(0~300 mm)、直口剪(10″)、直口剪(8″)、划针、木榔头、铁榔头、铝榔头、折波钳、橡皮拍板、铅板、木芯棒、轨铁、弓形夹、弯曲棒等钣金常用工具;铆枪(M301)、风钻(Z801)、顶把、半圆窝头(φ4 mm)、钻头(φ2.7 mm 和 φ4.1 mm)、快速定位销(φ2.7 mm)、弓形夹 1 寸等铆接常用工具。

二、操作步骤

(一)蒙皮的加工(零件 1)

1.划线。按图纸在毛料上划出椭圆孔的中心线,以此为中心划零件外形线 375 mm×379.6 mm 及 R60 mm 孔的外形确定孔长、孔宽和 R70 mm 铆钉孔的位置线(8 个),沿宽度方向划铆钉装配孔(6 个)。

2.下料。将零件外缘用剪刀沿外形线剪切,去毛刺并用砂纸打光零件边缘。

3.弯曲成形。弯曲时零件两端的直线可在下料时留出加工余量,成形后去除。操作时经常用样板检测、修整,直到符合图纸及技术要求。

4.椭圆孔切割。沿孔外形线剪切,去毛刺并用砂纸打光零件边缘。

(二)口盖的加工(零件 2)

1.划线。按图纸划孔的外形线 $R80$ mm,$R50$ mm 和 $R42$ mm 的切割线,划出铆钉孔位置线(8 个);划出 $R60$ mm 孔的装配辅助线。

2.下料。沿剪切线下毛料,去毛刺并用砂纸打光零件边缘。为方便加工,材料外缘留加工余量。

3.弯曲。在弯曲棒上将板料弯曲,该零件与蒙皮(件 1)有协调安装要求,因此曲度要与蒙皮贴合,直至符合图纸及技术要求。

4.内拔缘成形。拔缘可在轨铁上采用打薄放边的操作方法成形,操作中应注意尽量减少板面弯曲曲度的变形,减少修整工作量。

5.修整。

6.剪切去余量,修光零件边缘。

(三)框的加工(零件 3)

1.划线。按图纸划拔缘外形线及弯边宽度线。

2.下毛料,去毛刺并用砂纸打光零件边缘。

3.外拔缘成形。该零件外形为变曲度收边,加工时注意外形尺寸及收边量的控制。

4.修整,去余量,去毛刺。

5. 划线。按图纸划 $3 - \phi4.1$ mm 铆接位置线。

6. 钻 $3 - \phi2.7$ mm 导孔并去除孔毛刺。

(四)角材的加工(零件 4)

该零件成形过程中可将平板零件(件 5)作为外形样板使用。

1.该零件外形为多曲率变化,为加工方便可在型材上划出收边的曲率变化分界线。

2.该零件采用折波钳收边的方法完成凸曲线弯边成形。

3.按平板零件(件 5)的外形修整型材的收边部分,使外形符合样板(件 5)的要求,平面、角度符合图纸要求。

4.按图纸切割余量,锉修毛刺,直至符合图纸及技术要求。

5.在零件弯边和型材底面划 $6 - \phi4.1$ mm 铆接位置线。

6. 钻 $6 - \phi2.7$ mm 导孔并去除孔毛刺。

(五)平板的加工(零件 5)

该零件可作为蒙皮(件 1)、口盖(件 2)的切面样板,框(件 3)、角材(件 4)的外形样板使用。

1.划线。按图纸在毛料上划出零件外形线,划铆接位置线 $3 - \phi4.1$ mm。

2.下料、钻 $3 - \phi2.7$ mm 导孔。去毛刺并用砂纸打光零件边缘,保证零件符合图纸要求。

(六)装配铆接

1.依据图纸在成型后的蒙皮上划出铆钉孔位置线,并钻出导孔 $\phi2.7$ mm。

2.安装、调整好蒙皮与口框的位置后用弓形夹夹紧。

3.扩孔 $\phi3.6$ mm,用 $\phi3.5$ mm×90°锪窝钻锪窝,达到要求。

4.分解口框与蒙皮,去除孔口毛刺,并重新安装。

5.铆接所有的孔,达到质量要求。

(七)螺栓连接装配

1.依据图纸在成型后的角材上划出所有螺栓孔位置线,并钻导孔。

2.将蒙皮组合件、平板与角材试装配,调整相互位置,满足图纸要求。

3.分别在调整装配协调后的两端引钻导孔,并用定位销拉紧。

4.拆下平板,引钻蒙皮组合件与角材上导孔。

5.拆下蒙皮组合件,分别安装两边平板与角材连接,引钻导孔。

6.再次将蒙皮组合件、平板与角材连接,并用定位销连接。协调相互间位置后,扩孔 $\phi 4$ mm,用螺栓连接。

三、检测方法

1.按图纸测量装配尺寸。

2.拆解螺栓,检测螺栓连接。

3.测量蒙皮尺寸。

4.测量口盖尺寸。

5.测量框尺寸。

6.测量角材尺寸。

7.测量平板尺寸。

四、安全操作技术及注意事项

1.操作时操作者站立姿势要稳定,掌握正确的操作方法。

2.操作中对使用的榔头要经常进行检查,不能有松动、掉头现象。

3.铆接操作时注意零件夹持要牢靠,中间不能产生间隙。

4.铆接时考虑到材料比较薄,用力不能过大,避免发生零件变形。

5.铆接时铆枪要拿稳,避免窝头偏斜使零件表面产生铆痕。

6.使用铆枪前,一定要先接通风带,再安装窝头,避免误操作时窝头飞出伤人。

7.工作现场工量具按要求定制摆放,量具要轻拿轻放,使用完后要擦净放入量具盒内。

8.工作现场保持干净整洁,剪切的废料及多余物要随时清理,保持消防通道的畅通。

9.正确使用防护用品,使用钻床设备不能戴手套,女工上岗要戴工作帽。

【实施效果评价】

一、自检与评价

每位学生完成课题后,按照图纸和评分标准认真测量课件是否符合图纸要求,对不合格的尺寸做出自检标记。

二、质量分析

学生针对自己在加工中出现的质量问题做出原因分析及纠正措施,指导教师对全部学生的课件进行检测,并做好检测记录,对于学生普遍存在的操作方法、检测方法、技术安全等问题,分析产生的错误原因,提出纠正措施,避免类似的问题重复发生。

三、综合件(钣铆复合件)3 成形评分表

综合件(钣铆复合件)3 成形评分表见表 13.3。

表 13.2　综合件(钣铆复合件)3 成形评分表　　　　　　(单位:mm)

综合件(钣铆复合件)3 成形技能操作评分表			评分表	图号	考号	总分		
				BJ13-1				
序号	考核要求	配分 T	评分标准			量具	检测结果	扣分
			≤1.5T	>1.5T <2T	≥2T			
1	装配组件	20						
1.1	组合件外形	4						
1.1.1	$R300\pm0.5$	0.5	0.25	0.125	0	切面样板		
1.1.2	$R60\pm0.5$	0.5	0.25	0.125	0	切面样板		
1.1.3	350 方向直线度±0.5	2	1	0.5	0	塞尺		
1.1.4	151.2±0.5	0.5	0.25	0.125	0	高度尺		
1.1.5	301.2±0.5	0.5	0.25	0.125	0	高度尺		
1.2	蒙皮与角材、平板装配	6						
1.2.1	蒙皮与角材装配间隙≤0.2	1	0.5	0.25	0	塞尺		
1.2.2	角材与平板装配间隙≤0.2	1	0.5	0.25	0	塞尺		
1.2.3	6 处螺栓连接正确	0.5	0.25	0.125	0	目测		
1.2.4	蒙皮与角材装配位置±0.5	1	0.5	0.5	0	卡尺		
1.2.5	蒙皮与平板装配位置±0.5	1	0.5	0.5	0	卡尺		
1.2.6	蒙皮与平板垂直度±30′	1.5	0.75	0.375	0	角度尺		
1.3	蒙皮与口盖装配	6						
1.3.1	79±0.5(蒙皮孔位)	0.5	0.25	0.125	0	高度尺		
1.3.2	195.4±0.5(蒙皮孔位)	0.5	0.25	0.125	0	高度尺		
1.3.3	蒙皮与口盖装配间隙≤0.2	1	0.5	0.25	0	塞尺		
1.3.4	铆钉位置±0.5	0.5	0.25	0.125	0	卡尺		
1.3.5	10±1.0(周圈)	0.5	0.25	0.125	0	卡尺、钢板尺		
1.3.6	铆钉钉头质量(8 处)	1.5	0.75	0.375	0	塞尺		
1.3.7	铆钉镦头质量(8 处)	1.5	0.75	0.375	0	镦头样板		
1.4	蒙皮与框装配	4						
1.4.1	蒙皮与框装配间隙≤0.2	1	0.5	0.25	0	塞尺		
1.4.2	3 处螺栓连接正确	1	0.5	0.25	0	目测		
1.4.3	装配位置±0.5	1	0.5	0.25	0	卡尺		
1.4.4	框与蒙皮垂直度±30′	1	0.5	0.25	0	角度尺		
2	蒙皮(件 1)	15						

续 表

综合件(钣铆复合件)3 成形 技能操作评分表		评分表	图号 BJ13-1	考号	总分		
序号	考核要求	配分 T	评分标准		量具	检测结果	扣分
			≤1.5T	>1.5T <2T	≥2T		

序号	考核要求	配分 T	≤1.5T	>1.5T <2T	≥2T	量具	检测结果	扣分
2.1	350±0.2	1	0.5	0.25	0	卡尺		
2.2	50±0.5(孔长度)	2	1	0.5	0	卡尺		
2.3	R300±0.5(内侧)	3	1.5	1.75	0	切内样板		
2.4	R60±0.5(内侧)	3	1.5	1.75	0	切内样板		
2.5	160±0.5	1	0.5	0.25	0	卡尺		
2.6	R60(孔宽)	1	0.5	0.25	0	卡尺		
2.7	10±0.5(6 处,边距)	1	0.5	0.25	0	卡尺		
2.8	15±0.5(4 处,边距)	1	0.5	0.25	0	卡尺卡尺、 钢板尺		
2.9	185±0.5(2 处,间距)	1	0.5	0.25	0	卡尺卡尺、 钢板		
2.10	边缘质量 Ra3.2	1	0.5	0.25	0	目测		
3	口盖(件 2)	12						
3.1	R80±0.5	1	0.5	0.25	0	卡尺		
3.2	R50±0.5(孔宽)	2	1	0.5	0	卡尺		
3.3	50±0.5(孔长)	2	1	0.5	0	卡尺		
3.4	8±0.2	2	1	0.5	0	卡尺		
3.5	90°±30′(弯边 8mm 处)	1	0.5	0.25	0	角度尺		
3.6	158±0.5	1	0.5	0.25	0	卡尺		
3.7	R3±0.5(内弯曲半径)	2	1	0.5	0	半径规		
3.8	边缘质量 Ra3.2	1	0.5	0.25	0	目测		
4	框(件 3)	23						
4.1	R300±0.5	3	1.5	0.75	0	反切内样板		
4.2	R60±0.5	3	1.5	0.75	0	反切内样板		
4.3	140±0.5	1	0.5	0.25	0	高度尺 卡尺		
4.4	150±0.5	2	1	0.5	0	高度尺 卡尺		
4.5	300±0.5	2	1	0.5	0	高度尺 卡尺		

续 表

综合件(钣铆复合件)3 成形技能操作评分表			评分表	图号 BJ13－1	考号	总分		
序号	考核要求	配分 T	评分标准			量具	检测结果	扣分
			≤1.5T	>1.5T <2T	≥2T			
4.6	20±0.2	2	1	0.5	0	卡尺		
4.7	10±0.5(边距,3 处)	1	0.5	0.25	0	卡尺		
4.8	15±0.5	1	0.5	0.25	0	卡尺		
4.9	R3(1 处)	0.5	0.75	0.375	0	半径规		
4.10	R5(1 处)	0.5	0.75	0.375	0	半径规		
4.11	R3±0.5(内弯曲半径)	2	1	0.5	0	半径规		
4.12	边缘质量 Ra3.2	1	0.5	0.25	0	目测		
4.13	90°±30′(弯边处)	2	1	0.5	0	角度尺		
4.14	平面度≤0.5	2	1	0.5	0	塞尺		
5	角材(件 4)	20						
5.1	R300±0.5	3	1.5	0.75	0	反切内样板		
5.2	R60±0.5	3	1.5	0.75	0	反切内样板		
5.3	20±0.2(2 处)	2	1	0.5	0	卡尺		
5.4	8.8±0.5(3 处)	1	0.5	0.25	0	卡尺		
5.5	10±0.5(3 处)	1	0.5	0.25	0	卡尺		
5.6	15±0.5(2 处)	2	1	0.5	0	卡尺		
5.7	150±0.5(孔间距)	1	0.5	0.25	0	卡尺		
5.8	30±0.5(2 处)	1	0.5	0.25	0	卡尺		
5.9	90°±30′(弯边处)	2	1	0.5	0	角度尺		
5.10	边缘质量 Ra3.2	1	0.5	0.25	0	目测		
5.11	平面度≤0.5	2	1	0.5	0	塞尺		
5.12	R5(4 处)	1	0.5	0.25	0	半径规		
6	平板(件 5)	10						
6.1	R300±0.5	2	1	0.5	0	反切内样板		
6.2	R60±0.5	2	1	0.5	0	反切内样板		
6.3	10±0.5(3 处,边距)	0.5	0.25	0.175	0	卡尺		
6.4	300±0.5	1	0.5	0.25	0	卡尺		
6.5	140±0.5	0.5	0.25	0.175	0	卡尺		

续　表

综合件(钣铆复合件)3 成形技能操作评分表		评分表	图号 BJ13－1	考号	总分		
序号	考核要求	配分 T	评分标准			量具	检测结果	扣分
			≤1.5T	>1.5T <2T	≥2T			
6.6	150±0.5	1	0.5	0.25	0	卡尺		
6.7	30±0.5(2 处)	0.5	0.25	0.175	0	卡尺		
6.8	150±0.5(孔间距)	0.5	0.25	0.175	0	卡尺		
6.9	边缘质量 Ra3.2	0.5	0.25	0.175	0	目测		
6.10	平面度≤0.5	1.5	0.75	0.375	0	塞尺		
7	表面质量:无夹伤、划伤、毛刺等,发现每处扣 1~5 分;裂纹发现每处扣 5~10 分					目测		
8	技术安全与文明生产		违反有关规定扣总分 5~10 分			现场记录		
	合　计		100 分					

检测：　　　　　年　　月　　日

【课后思考与练习】

1.如何选择铆钉长度?

2.确定铆钉位置的三个参数是什么?

参 考 文 献

[1] 《航空制造工程手册》总编委员会.飞机钣金工艺[M].北京:航空工业出版社,1992.

[2] 《职业技能培训 MES 系列教材》编委会.冷作钣金工技能[M].北京:航空工业出版社,2008.

[3] 《实用钣金技术手册》编写组.实用钣金技术手册[M].北京:机械工业出版社,2001.

[4] 航空工业技工教材编审委员会.飞机钣金工艺学[M].北京:航空工业出版社,1983.

[5] 夏巨谌.实用钣金工[M].北京:机械工业出版社,2002.

[6] 吴杰,张磊.冷作钣金工实际操作手册[M].沈阳:辽宁科学技术出版社,2006.

[7] 顾迎新,张海渠.冲压工实际操作手册[M].沈阳:辽宁科学技术出版社,2007.

[8] 机械工业技师考评培训教材编审委员会.冷作工技师培训教材[M].北京:机械工业出版社,2001.

[9] 沈兴东,韩森和.冲压工艺与模具设计[M].济南:山东科学技术出版社,2005.

[10] 王昌福.模具概论[M].北京:机械工业出版社,2008.

[11] 《钣金技术》编写组.钣金技术[M].北京:国防工业出版社,1974.

[12] 唐荣锡,陈鹤峥,陈孝戴.飞机钣金工艺[M].北京:国防工业出版社,1983.

[13] 陈志毅.金属材料与热处理[M].北京:中国劳动社会保障出版社,2007.

[14] 张仲元.特种冲压技术[M].西安:西北工业大学出版社,1994.

[15] 翟平.飞机钣金成形原理与工艺[M].西安:西北工业大学出版社,1995.

[16] 《模具设计与制造技术教育丛书》编委会.模具结构设计[M].北京:机械工业出版社,2003.

[17] 邓明.材料成形新技术及模具[M].北京:化学工业出版社,2005.

[18] 王海宇.飞机钣金工艺学[M].西安:西北工业大学出版社,2011.